U0119089

驚世寰宇搜奇 》》》》》》》

神祕自然奇觀

The Mysteries of Natural Phenomena

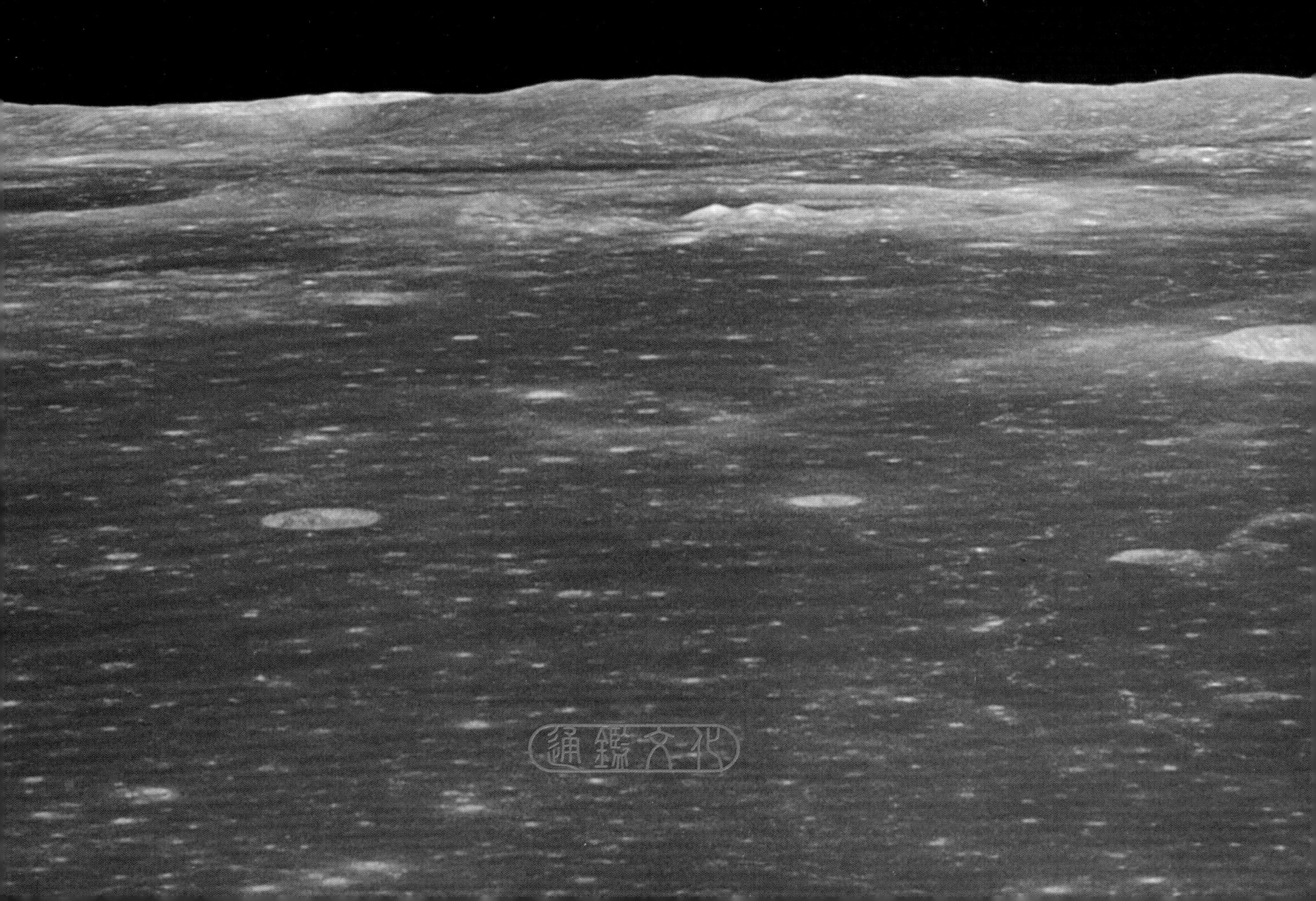

通鑑文化

推薦序

記得在台灣大學讀大一的時候，必修哲學概論，其中對於壯美的大自然特別提及其對於人類渺小心靈震撼提昇的可貴。那是一種與她相對會觸動心靈，甚至會血脈噴張，眼淚奪眶而出的感動。

二十年過去了，我像每一個學子一樣努力讀萬卷書，通過國內外無數的考試，繼而投入工作職場後，又機緣巧合的行了萬里路，旅行了全世界一百六十多個國家。每次的旅途中一但遇到自然地理上壯闊的景象，我就會回想起當年課堂上的境界。

因為在遼闊的北非撒哈拉沙漠上目睹萬年風沙吹起的層層波紋令人讚嘆；在鋒銳的南美莫留諾冰河前聆聽結晶雪塊崩塌的巨響；在大洋洲帛琉的海底穿梭魚兒的海底世界，體會龍宮無國界的開闊悠遊；在聖經西奈山的峰巒鳥瞰如眾多使徒般的群峰，油然而生的內心崇高之境；在蒙古大草原上裝扮起此圖游牧子民的豪放氣魄所迴旋的萬種風情；在火山噴發造成的智利鹽鹼土地上細數地球歲月刻痕的思古胸懷；在祕魯與玻利維亞交界的的喀喀湖面上揚舟清划草船的稱心愜意；在世界三大瀑布——北美尼加拉、南美伊瓜蘇、非洲維多利亞前敞拓心扉，任水珠濺滿全身洗滌塵晦的原始快樂……這些都是壯美的自然地理為我展現心靈原鄉的寫照，也是一次又一次導引我體會壯美境界，甚至感動於自己的卑微渺小，為大自然讚歎而戚然淚下。

本書就在我們這個地球村裡集結了最豐美的風景奇觀，尤其深入淺出的將其中所包裹層層的謎，一個又一個的抽絲剝繭，分門別類的剖析探討。即使今生今世我們無緣一一造訪那些地方，站在那裡輕嗅自然的芳郁，至少我們在本書的神遊中可以構築出一個敦厚謙和的心靈世界。

知名旅遊探險家

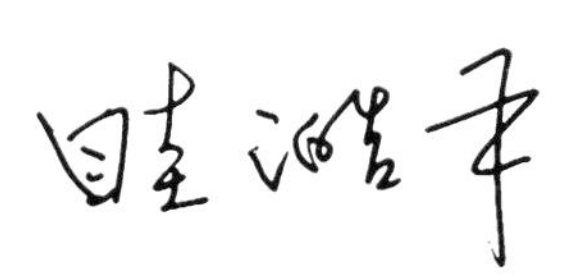

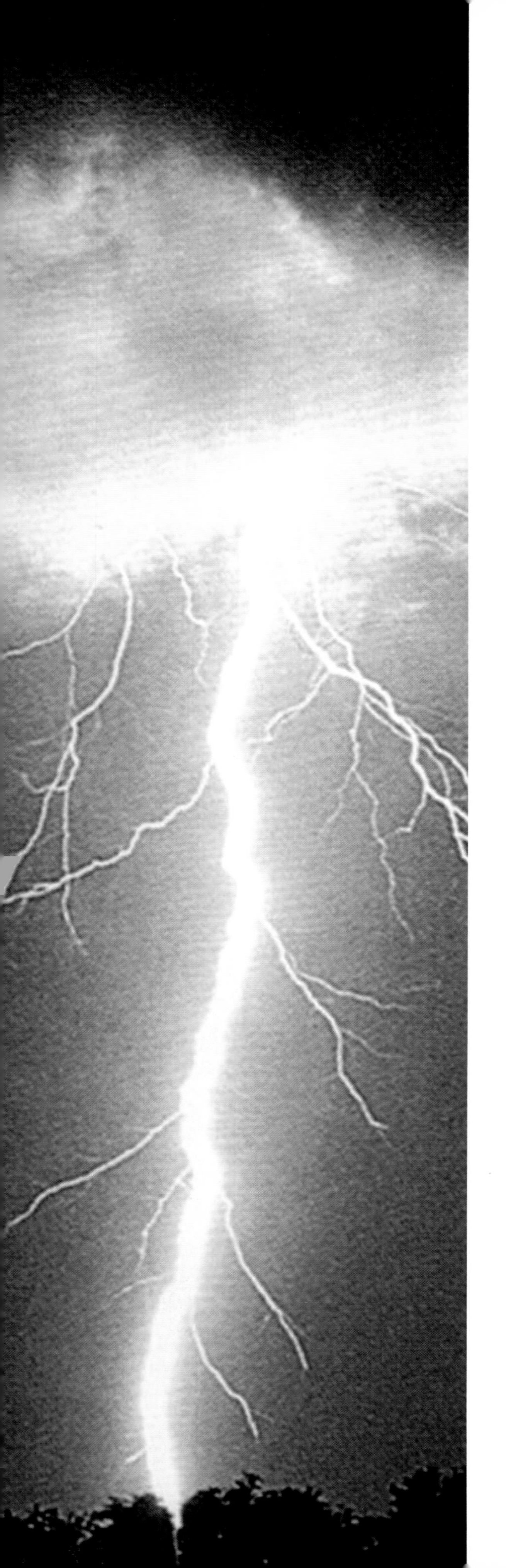

目錄 contents

地球生態之謎

自然現象之謎

深海探奇之謎

幽谷尋蹤之謎

深山高原之謎

沙漠黃煙之謎

草原林莽之謎

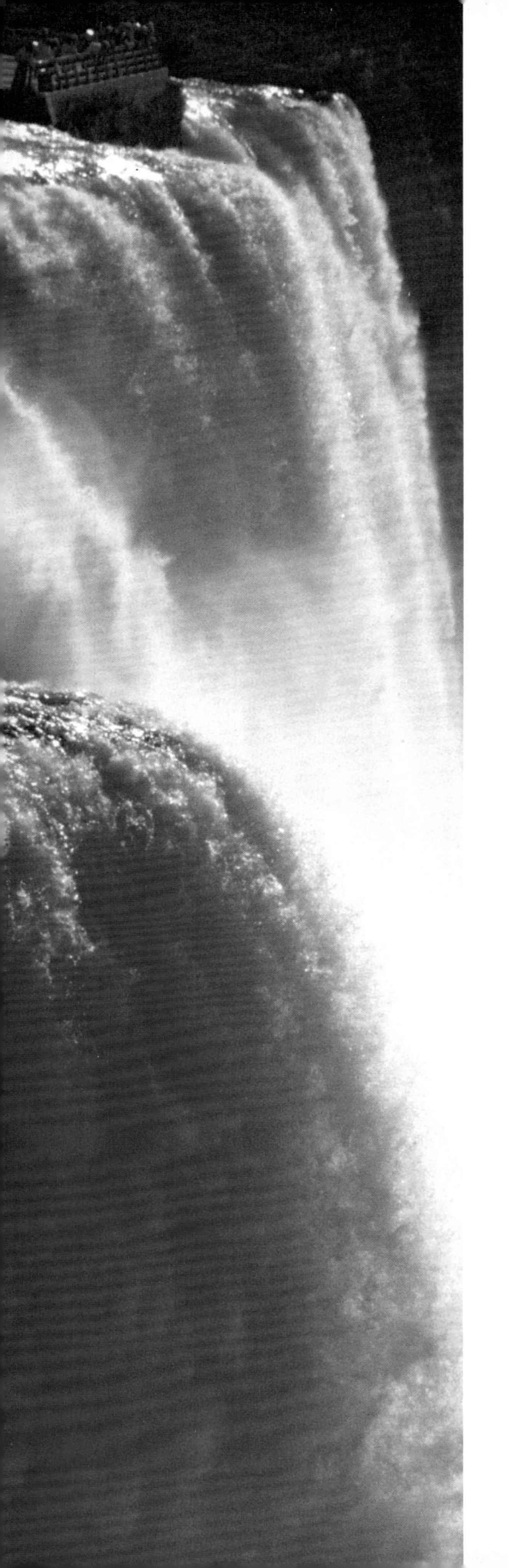

川流湖泊之謎

島疆海國之謎

地球生態之謎

The Mysteries of Natural Phenomena

地球是怎樣誕生的？

地球是目前人類所知道的唯一有生命存在的星球，也是目前人類生存的唯一家園。她廣袤豐沃的胸膛，哺育了千千萬萬的生靈；她巍峨挺拔的肩膀，承載著亙古綿長的歷史重托。人類在自身不斷發展和演化的過程中對其所生存的星球從來就沒停止過探索。她的誕生就是一個神祕莫測的謎團，她的存在就是一幅動人心弦的美麗傳奇。在浩渺的宇宙中，為何只有小小地球適合人類居住？地球到底是如何形成的？

早在遠古時代，人類就對地球充滿了好奇。那時的人們認為大自然裡存在的一切都是由上天創造的，一切都是與生俱來的。西方的「上帝創世說」曾經在相當長一段時間內占據統治地位，人們都相信有一個超乎人力之上的上帝創造了一切。然而，隨著人們知識水準的提高和科學技術的發展，人們已經早就不相信「上帝創世說」這種荒謬的說法了。

在關於地球起源的各種理論中，較早出現且比較普遍被人們接受的是星雲說。科學家們認為在距今約五十億年前，宇宙大爆炸後，太陽系星雲收縮，形成了以太陽為中心的太陽系。約四億年後，地球開始形成。大概在四十六億年前發展成現在的大小和形狀，之後可能再過了十五億年，地球上的環境才變得適宜早期的生物生存。

另外，法國生物學家布豐在十八世紀建立了「彗星碰撞說」這套理論。他認為是由於彗星撞到太陽上把太陽打下一塊碎片，碎片冷卻以後便形成了地球，即地球是由彗星碰撞太陽所形成的。這一學說打破了神學的禁錮，曾一度引起人們的注意。此後，其他科學家繼承和延伸了布豐的學說，將地球形成原因的研究又向前推進了一步。

然而，西元1920年，英國天文學家亞瑟．斯坦利．艾丁頓卻指出，從太陽或其他恆星上分離出來的物質都很熱，以至於它們擴散到太空前還來不及冷卻就消散掉了。即使在某種未知的過程下凝聚成行星，運行的軌道也不會像現在太陽系中的星球運行軌道那樣有規律。西元1936年，美國天文學家萊曼．斯皮特澤亦證實了此一論點。

西元1944年，德國科學家卡爾．夫蘭垂克．馮．韋茨薩克更進一步地探討以往的「星雲假說」，他認為是旋轉的星雲逐漸收縮形成了行星。如果把星雲中的電磁作用考慮進去，就可以解釋角動量是以什麼形式由太陽轉移到行星上去的。

▲ 地球的誕生及演化過程

隨著人們在該領域研究的不斷深入，目前科學家們提出的有關地球起源的學說已多達十餘種。除了上述兩種外，主要還有以下一些學說：

1.隕星說：西元1755年，康德在《宇宙發展史概論》中提出了該學說，他認為太陽系最初是一團由塵與氣形成的冷雲，並不停地旋轉。今天的天文學家利用現代望遠鏡，看到遙遠星際間漂浮著暗黑的塵雲，這種雲看起來就像康德想像中的太陽系旋轉雲。

2.雙星說：此學說認為行星都是由除了太陽之外的另一顆恆星產生的。假定太陽最先產生，還沒有行星。後來太空中有另一顆星球從太陽附近掠過，拉扯出某種長物質。掠過的星球繼續飛行，而那些被拉扯出來的物質則凝聚起來，成了太陽系的行星。

3.行星平面說：該學說認為所有的行星都在一個平面上繞著太陽運行，原始的星雲盤產生了太陽系。

隨著人們知識水準的提高和科技的進步，人類對地球形成的認知將愈來愈深入和趨於統一。我們有理由相信，揭開地球起源之謎並不是一件遙遠的事情。

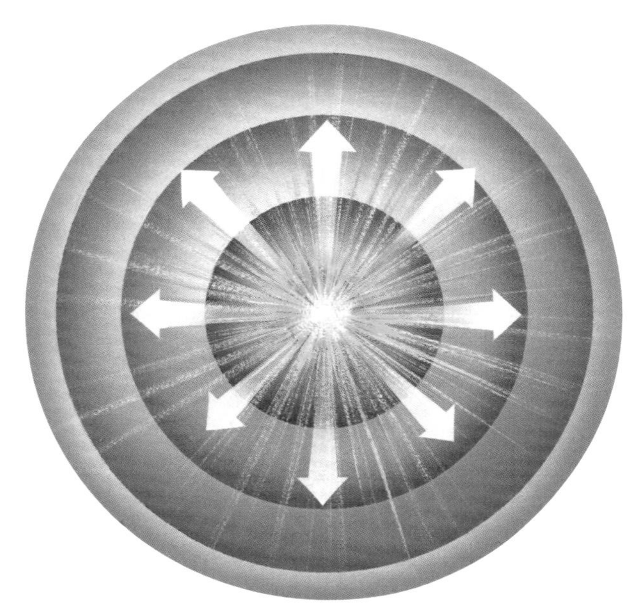

▲「創世大爆炸」

▼一顆新星在七千光年遠的天鷹座星雲中誕生

在雲柱的頂端有幾個塊狀物，和巨大的雲柱相比顯得很渺小，而這就是剛誕生的新星。

地球內部的奧祕？

一直以來，人們力圖探尋地球內部的奧祕。十八世紀，人們計算出地球的平均密度後發現：地球內部的平均密度為每立方公分5.52克，而地球表面岩石的平均密度是每立方公分2.67克，兩者相差一倍多。這說明了地球內部一定存在著重物質。

十九世紀中期以後，人類開始大規模地探索地球內部的奧祕。地球物理學家透過地震儀測量發現，每當發生巨大地震時，受到強烈衝擊的地下岩石會產生彈性震動，並以波的形式向四周傳播，這種彈性波就是地震波。地震波分為縱波（P波）和橫波（S波），縱波可以藉由固體、液體和氣體傳播，且傳播速度較快；橫波只能藉由固體傳播，傳播速度較慢。由此可知，隨著所通過物質的性質的變化，縱波和橫波的傳播速度也會發生變化。

西元1909年10月8日，札格拉布地區發生一次強烈地震，南斯拉夫的地震學家莫霍洛維奇經過研究，發現地震波在傳到地面下33公里處發生了折射現象，他認為這個發生折射的地帶正是地殼和地殼底下物質的分介面。西元1914年，在一次地震中，美國地震學家古登堡又發現在地表下2,900公里處，縱波的傳播突然急遽變慢，橫波則完全消失了，這說明存在著另一個不同物質的分介面。後來，人們為紀念他們，將以上兩個不同的介面分別命名為「莫霍面」和「古登堡面」。

地球內部以莫霍面和古登堡面為分界，分為地殼、地函和地核三個圈層。地殼是地球的最外層，指從地面到莫霍面之間很薄的一層固體外殼。地殼主要由各種岩石組成，高低不平，平均厚度為17公里，大陸部分遠比海洋部分厚，平均厚度為33公里，高山、高原地區甚至厚達60～70公里，海洋地殼平均厚度僅有6公里。

地函位於地殼和地核之間，是從莫霍面以下到古登堡面以上的一層固體物質。這一層的主要成分是鐵鎂的矽酸鹽類，其含量由上而下逐漸增加。這一層分為上地函和下地函，深度範圍從地下5～70公里以下到地下2,900公里以上，從莫霍面到1,000公里

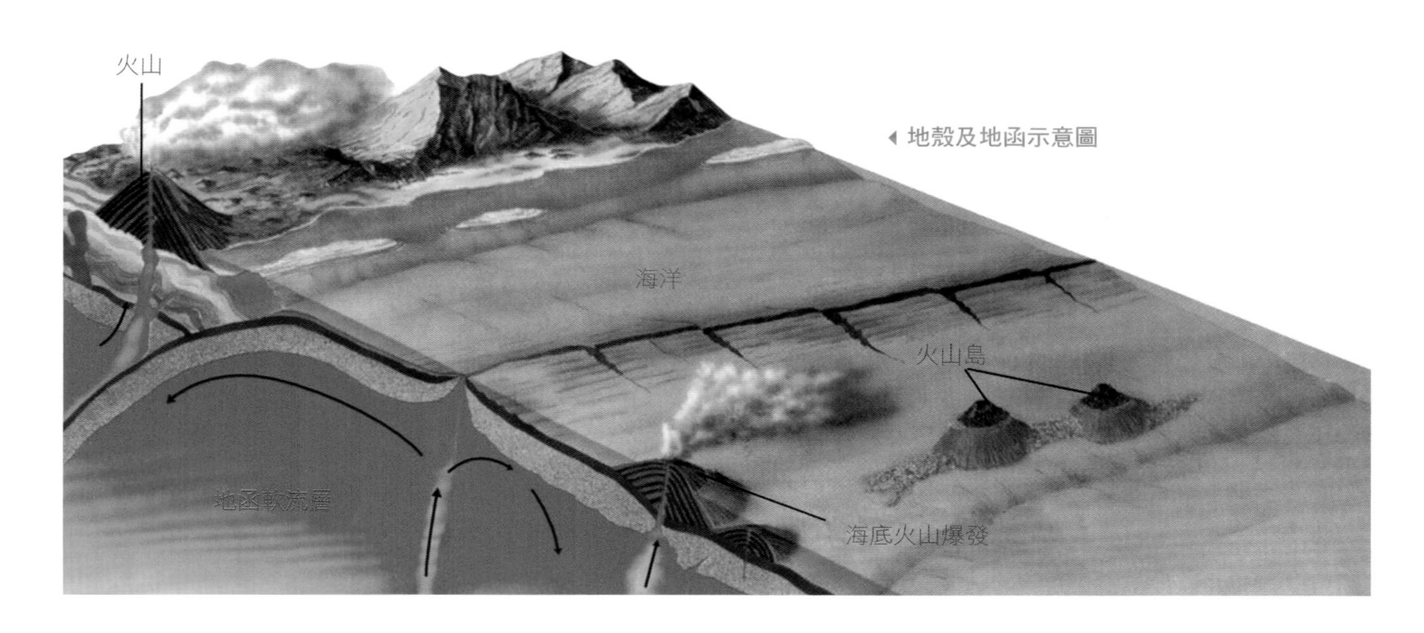

◀ 地殼及地函示意圖

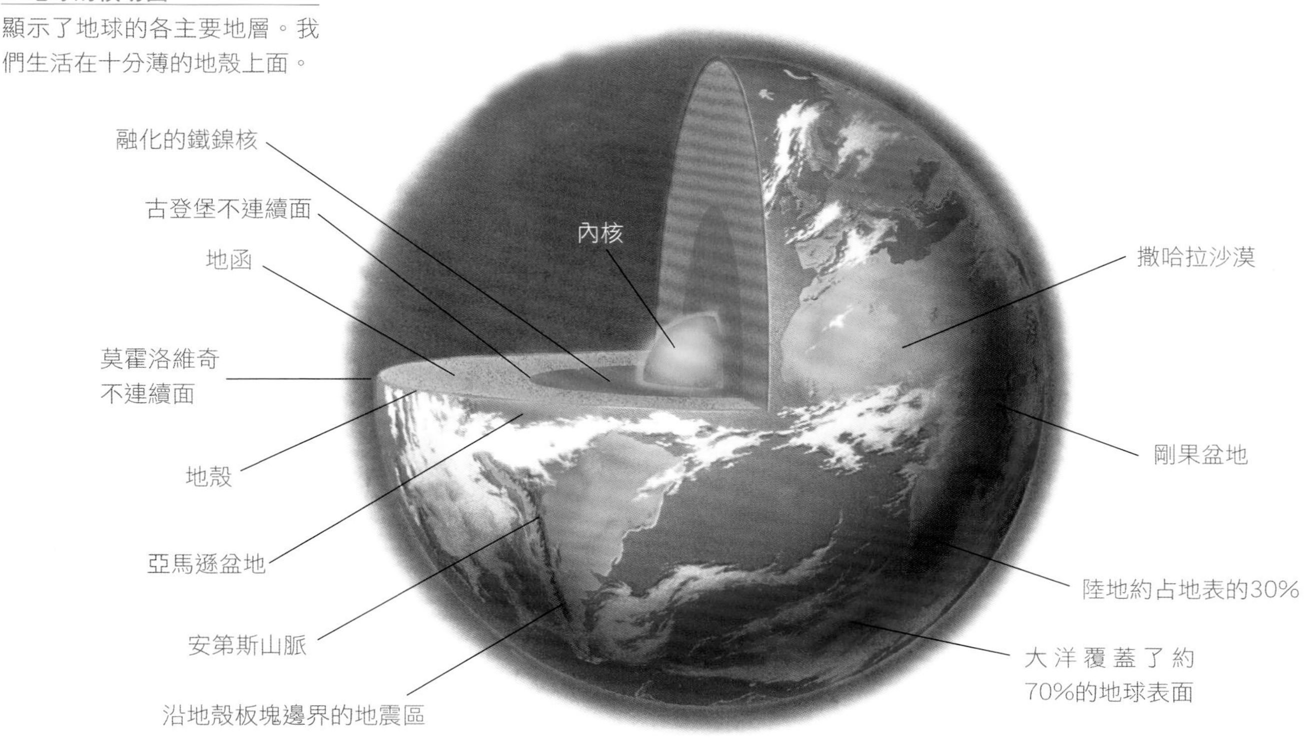

▸ **地球的橫切面**
顯示了地球的各主要地層。我們生活在十分薄的地殼上面。

深處是上地函，地下50～250公里是上地函頂部，這裡存在一個軟流層，岩漿可能就是發源於此。地下1,000～2,900公里深處是下地函，那裡的溫度、壓力和密度都比上地函大，物質狀態可能不再是固體，而是可塑性固體。

地核是地球的中心部分，位於地球的最內層。西元1936年，丹麥地質學家萊曼透過對地核中傳播的地震波速度的測量，發現地核又可分為外核和內核兩部分。外核在2,900～5,000公里深處，物質狀態接近液體。內核又叫「鐵鎳核心」，在5,000公里以下深處，其溫度、壓力和密度更高了，物質成分近似於鐵鎳隕石。

美國科學家做了大量的模擬實驗後發現：地核溫度從內到外溫度逐漸降低，地球中心的溫度大約是6,880℃；內外核相交面的溫度是6,590℃，略低於地球中心；外核與地函的相交面的溫度更低，是4,780℃。 除此之外，科學家還發現，地球內核的壓力極大，每6.5平方公分為22,000,000公斤，是海平面的地球大氣壓的三百三十萬倍。

近年來，藉由大型電腦的幫助，研究人員從地面上三千個監測站收集到大量的地震觀察情報，進行綜合分析，描成一張總圖，結果發現：地核表面布滿「山頭」和凹凸不平的地帶，結構與海洋相似，充滿了低密度流體。

人們總希望親眼看到地球內部的情形。直到二十世紀90年代，在中歐的一個小城溫蒂施埃中巴赤，人們鑽探出了一個直徑22公分、深14公里的世界上最深的洞。這個地區的地理情況十分特殊，這裡的岩石有30公里厚，並向地表突出。歷史上古老的歐洲板塊和非洲板塊在這裡相互碰撞，彼此推擠和嚙合。正是由於這種地理情況的存在，地質學家們打算用管狀、中空的特殊鑽孔器旋出岩心，把這些岩心提取上來，但這次努力最後還是以失敗而告終。

經過多次的失敗，人們不得不暫時承認，肉眼不能直接看到地球內部的情景，只能藉由火山噴發出來的物質來瞭解地球內部的化學組成和物理性質，或採用先前採用過的地震觀測等間接方法來觀測地球內部。我們相信，總有一天人類能夠揭開地球內部的奧祕。

是誰讓地球不停轉動？

遠古時代，人們認為地球是平的，太陽落到地平面下面，天就黑了；也有人認為，地球是不動的，太陽嵌在天幕上，由於天幕不停地轉動才造成太陽東升和西落。現在，人們已經明白：每隔二十四小時經歷的一次白天和黑夜是由於地球自轉造成的。那麼是什麼力量驅使地球如此永不停息地運動，在圍繞地軸自轉的同時，又在一個橢圓形軌道上環繞太陽公轉，帶來晝夜交替和季節變化，使人類及萬物繁衍生息呢？

▲十九世紀的天文儀器

利用牛頓的萬有引力定律，將地球繞太陽旋轉的奧祕描繪出來。

宇宙間的天體都在旋轉，這是它們運動的一種基本形式，但要真正說明這個問題，首先要弄清楚地球和太陽系是如何形成的，因為地球自轉和公轉的產生與太陽系的形成密切相關。

天文學家認為，太陽系是由古代的原始星雲形成的。原始星雲是非常稀薄的大片氣體雲，因受到某種擾動影響，再加上引力的作用而向中心收縮。經過漫長的演化，中心部分物質的氣溫愈來愈高，密度也愈來愈大，最後達到可以引發熱核反應的程度，從而演變成太陽。太陽周圍的殘餘氣體慢慢形成一個旋轉的盤狀氣體層，經過收縮、碰撞等複雜的過程，在氣體層中凝聚成固體顆粒、微行星、原始行星，最後形成一個完整的太陽系天體。

如果要測量物體直線運動的快慢，應該用速度來表示，但是如何來衡量物體旋轉的狀況呢？有一種辦法就是用「角動量」。一個繞定點轉動的物體，它的角動量就是質量乘以速度，再乘以該物體與定點的距離。物理學中有一條非常重要的角動量守恆定律，也就是說，一個轉動的物體，只要不受外力作用，它的角動量就不

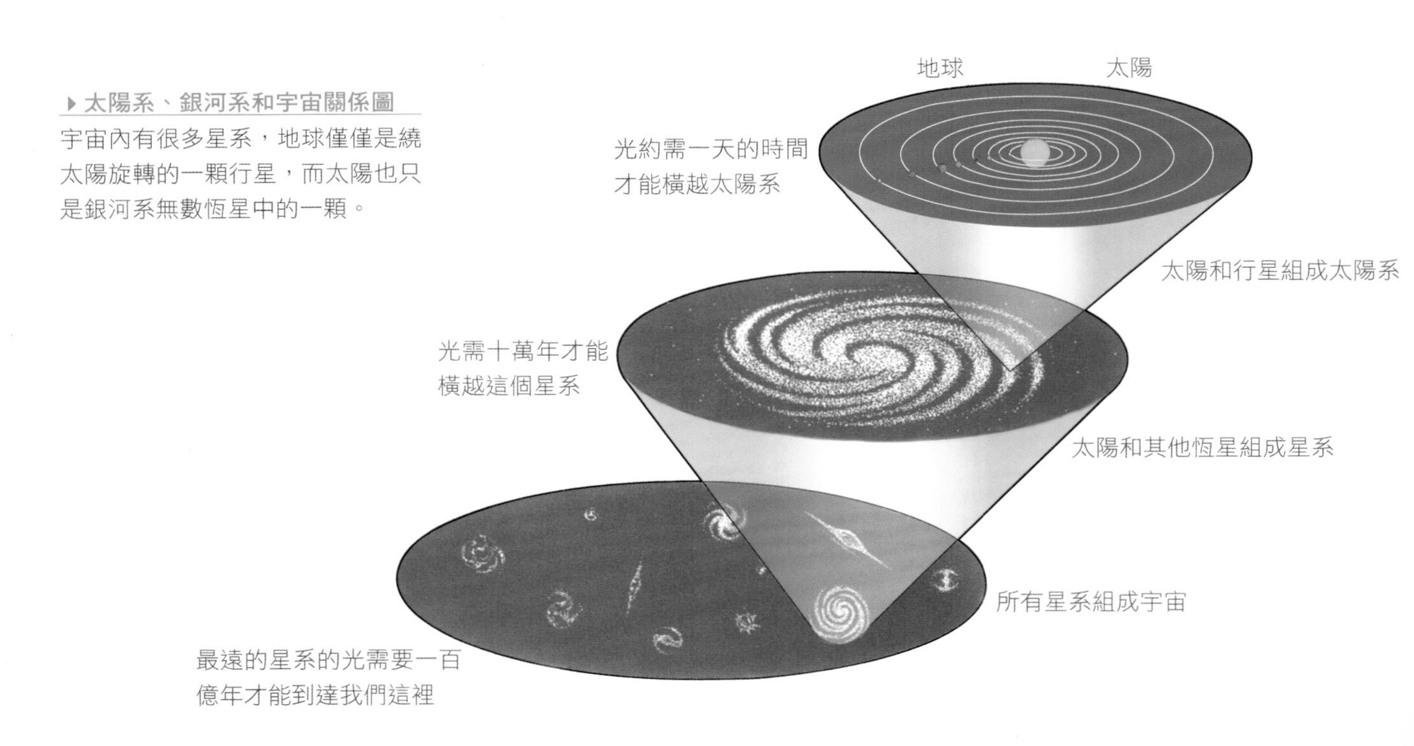

▶太陽系、銀河系和宇宙關係圖

宇宙內有很多星系，地球僅僅是繞太陽旋轉的一顆行星，而太陽也只是銀河系無數恆星中的一顆。

會因物體形狀的變化而發生變化。例如一個芭蕾舞演員，當他在旋轉的時候突然把手臂收起來（質心與定點的距離變小），他的旋轉速度就會自然而然地加快，因為這樣才能保證角動量不變。這一定律在地球自轉速度的產生中有非常重要的作用。

原始星雲原本就帶有角動量，在形成太陽系之後，它的角動量雖然沒有損失，但已經產生了重新分布，各個星體在漫長的演變過程中都從原始星雲中得到各自的角動量。由於角動量守恆，行星在收縮的過程中轉速也將愈來愈快。地球也是這樣，它獲得的角動量主要分配在地球繞太陽的公轉、地月系統的相互繞轉以及地球的自轉中。

物理學家牛頓將宇宙天體的運動看成是上好發條的鐘，認為它們的運行準確無誤。而實際上地球的運動也是在變化的，而且非常不穩定。有人研究「古生物鐘」時發現，地球的自轉速度逐年變慢。距今四億四千萬年前的晚奧陶紀，地球公轉一個週期需要412天；而到了四億二千萬年前的中志留紀，每年只有400天；到了三億七千萬年前的中泥盆紀，一年為398天；到了一億年前的晚石炭紀，每年大約是385天；到了六千五百萬年前的白堊紀，每年是376天；而現在一年是365.25天。科學家認為，產生這種現象的原因，是由於月球和太陽對地球潮汐作用的結果。在地球上，

從月球上看，地球白天的那一面在夜空中顯得很壯觀，因為月球上沒有大氣，所以視線不會受到阻礙。

▶ 衛星拍攝照片

這張照片是由安裝在氣象衛星上的照相機，在赤道上空358,000公里的高空拍攝的。當時衛星正飛過美洲上空。它顯示了深藍色的海洋和大氣中翻捲的雲層，這都是適合生命存在的必要條件。

面向月球及其相反方向的海面會因潮汐力而發生漲潮現象，面向月球一側的漲潮是因月球的引力大於離心力之故，而相反一側則是因為離心力大於引力的緣故。再加上潮汐發生時，海水與海底產生摩擦，使得海面發生變化需要一段時間，因而對地球的自轉產生牽制作用。這種牽制力會使地球自轉減慢。

由於人類發明了石英鐘，便可以更準確地測量和記錄時間。藉由一系列觀測和研究發現，在一年內，地球自轉存在著時快時慢的週期性變化：春季自轉比較緩慢，秋季則加快。科學家認為，這種週期性變化的原因，與地球上大氣和冰的季節性變化有關。另外，地球內部物質的運動，如重元素下沉、輕元素上浮等，都會影響到地球的自轉速度。

除此之外，地球公轉也不是勻速運動。地球公轉的軌道是橢圓形的，最遠點與最近點相差大約5,000,000公里的距離。當地球由遠日點向近日點運動，離太陽近的時候，受太陽引力的作用就會加強，速度也就變快；由近日點到遠日點時則相反，地球的運行速度會減慢。

另外，地球自轉軸與公轉軌道並不是垂直的，地軸也並不是穩定的，而是像陀螺一樣在地球軌道面上作圓錐狀旋轉。地軸的兩端也不是始終指向天空中的某一個方向，而是圍繞著一點不規則地畫圓。地軸指向的不規則，是地球運動所造成的。

由此可知，地球的公轉和自轉包含了許多複

雜的因素，並不只是簡單的線速或角速運動。

地球還和太陽系一起圍繞銀河系運動，並隨著銀河系在宇宙中飛馳。地球在宇宙中運動不息，這種奔波可能在它形成時便開始了。地球仍然在運動著，它的加速、減速與太陽、月亮以及太陽系其他行星的引力有關。那麼，地球最初是怎麼運動起來的呢？是否存在所謂的第一推動力呢？十七世紀，義大利科學家伽利略發現慣性定律：一個運動的物體，只要不再受到外力的作用，慣性就會使它保持著原來的速度和方向一直運動下去。後來，物理學家牛頓在發現三大運動定律和萬有引力定律之後，曾用他後半生的全部精力去研究和探索動力。他得出了這樣的結論：上帝設計並塑造了此一完美的宇宙運動機制，且給予了動力使它們運動起來。但這顯然與現代科學格格不入。

那麼，地球運動的能量又從何而來？假如地球運動不需要消耗能量的話，那麼它是「永動機」嗎？這些問題現在都還沒有答案。

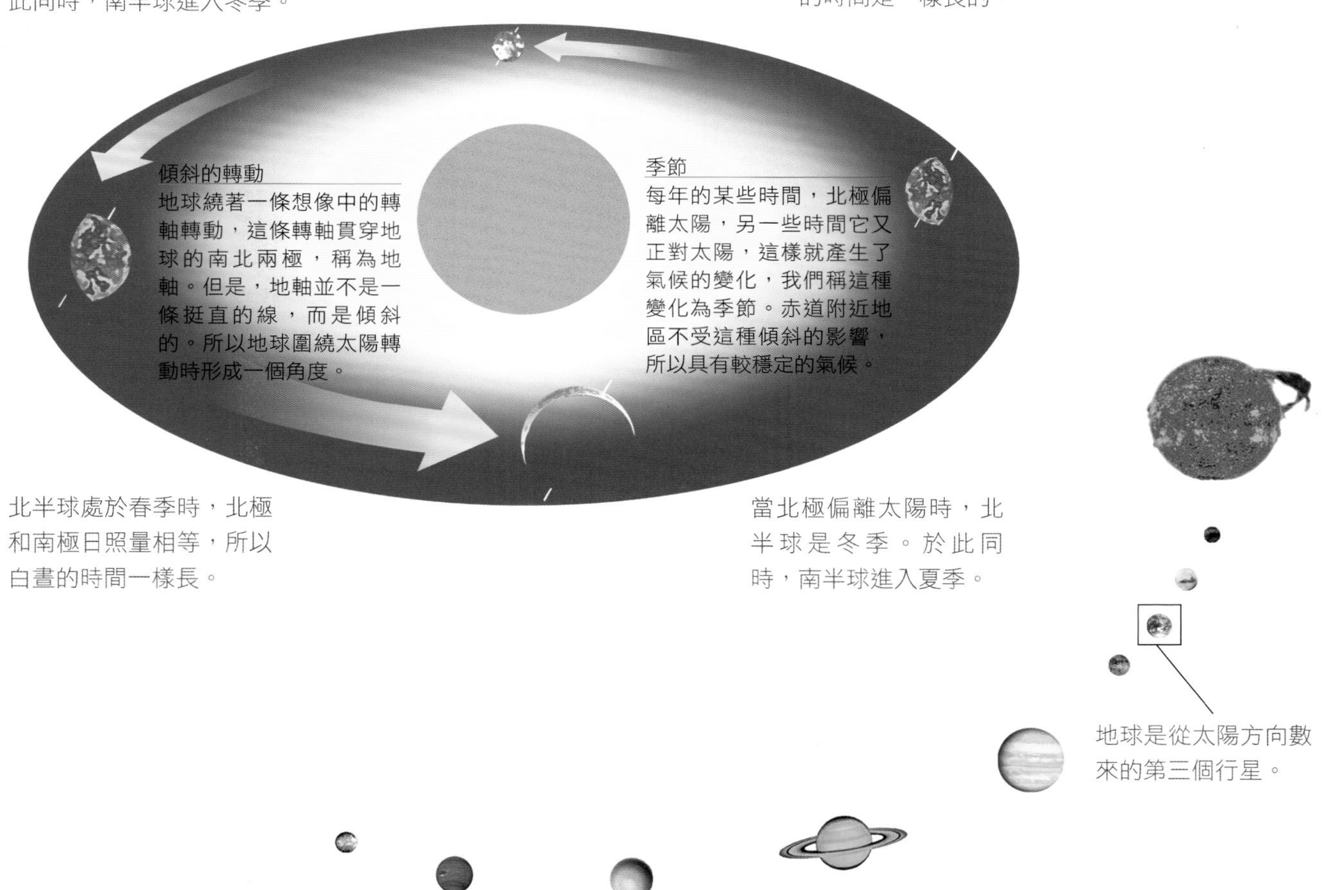

▲地球是太陽系中最大的岩狀行星，它是唯一一個外殼被分開成為移動的板塊、大氣中有氧氣、地表有液態水和生命的行星。

地球究竟幾歲了？

樹有年輪，一棵樹生長了幾年會在樹幹橫切面上的圓圈數上顯示出來，層與層之間的界線非常清晰。與此類似，地球也有「年輪」。科學家透過對地球上岩層的性質和變化的研究，測出地球至少有四十六億歲了。地球形成以後，在其不斷運動、變化和發展的演變中留下許多痕跡。組成岩層的主要成分火成岩、沉積岩和變質岩等，其來歷都各不相同。藉由對各種岩層的探測，人們就可以知道一些地方的地質歷史。

二十世紀放射性元素和其蛻變成的同位素的發現，使人們找到了一個比較精確計算岩石年齡的方法。

根據科學方法鑑定出，在格陵蘭島西部地區發現的阿米佐克片麻岩是地球上最古老的岩石。英國牛津大學的研究人員使用銣

▼地球形成以後，在其不斷運動、變化和發展的演變中留下了許多痕跡。地球的岩層中紀錄著地球的年齡。

一鍶放射性同位素法，測定它已有三十八億歲。不久前，科學家把放射性年代測定法運用到對隕石碎塊年齡的測定中，發現太陽系碎屑的年齡大都在四十五億到四十七億歲間。他們認為，在那個時期，太陽系的成員大多形成了，因此也可以推測地球大約的年齡。

最近澳大利亞地質學家在澳大利亞西部的納耶山沙石中發現了四塊岩石晶粒，它們是鋯石碎塊或鋯的矽酸鹽。探測研究表明，這些鋯石大多是地球原始表殼的碎塊。人們使用離子探針譜分析法，測定這些礦物樣品中鈾和鉛的同位素離子的相對度，進而對這些岩石的年代作出判斷。這種岩石晶粒至少已有四十一億到四十二億年的歷史，它比格陵蘭西部岩石還要早三億年在地球上

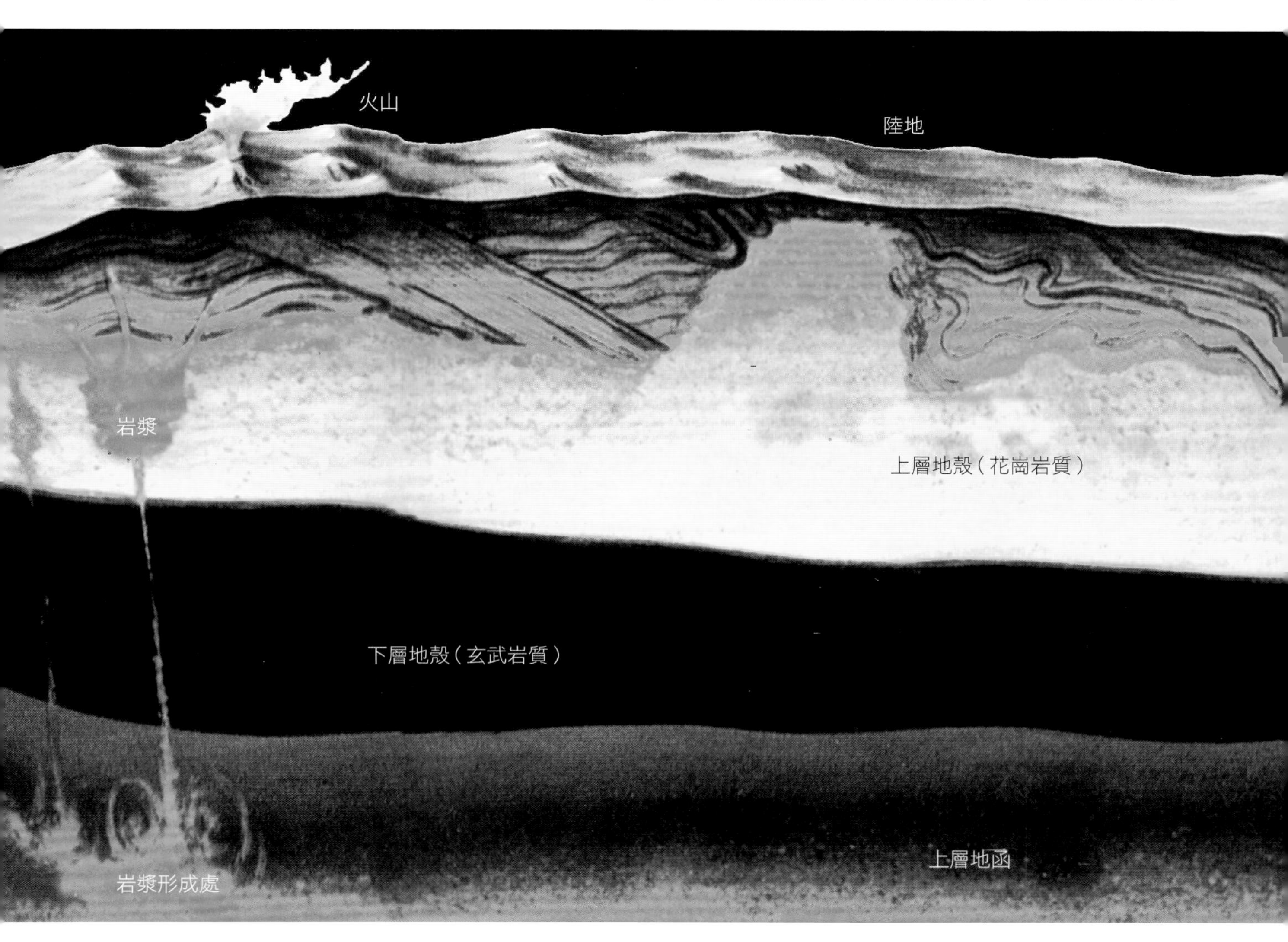

出現。

根據此一發現，地質學家們認為地球早在四十六億年前就和太陽系的其他行星及月球一起形成了，而且地球在它形成以後一直受到隕石的重力衝擊，時間至少長達五億年，這也使得地球的原始表殼遭到毀壞。

在發展過程中，地殼形成了各個不同年代的地層，保存在各種地層中的各種岩石從低等走向高等，從簡單走向複雜。它們留下的痕跡記錄並展示著地球不斷變化和發展的歷史。

地質學家把地球的歷史分成太古代、元古代、古生代、中生代和新生代五個時期：

太古代：從地球誕生到二十五億年前。那時地球上是一片汪洋，海面散布著一些火山島；陸地面積還很小，上面盡是些禿山。地球上的生命剛剛孕育發生，原始細菌開始繁衍發展。

元古代：距今二十四億到六億年前。這個時候大片陸地出現，在海洋中海洋藻類和無脊椎動物開始繁衍。

古生代：距今六億到二億五千萬年前。地殼運動劇烈，歐亞和北美大陸已形成雛形。最早出現的三葉蟲興盛一時，隨後大批魚類繁殖起來。兩棲動物作為陸上脊椎動物之一，已成為當時最高級的動物，爬行類動物和有翅昆蟲也出現了。

中生代：距今二億五千萬到七千萬年前。大陸輪廓基本形成，太平洋地帶地殼運動劇烈，大山系和豐富礦藏開始形成。那個時候是爬行動物的時代，以恐龍為盛。原始的哺乳動物和鳥類也開始出現。

新生代：一億年前到現在。地球上出現規模巨大的喜馬拉雅造山運動，地球今日的海陸面貌便是於此時大致成形。新生代的第三紀哺乳動物開始大量繁殖，而第四紀則是人類起源和發展的時代。

隨著科技的進步，人類一定能更加準確地測定地球的年齡。

經歷四十六億年的歲月，地球依然生機盎然。

火山爆發的祕密？

西元79年的一天下午，義大利的維蘇威火山突然爆發，附近的兩座小城全部埋葬在火山爆發噴出的火山灰底下。直到一千六百年後，這座被火山灰湮滅了的古老城市才被人們發現。

西元1902年5月8日，加勒比海東部的培雷火山在沉睡了五十年後爆發了。大量的氣體和火山灰變成的高溫黑煙在向水平方向推進時，正好經過距火山8,000公尺的聖皮埃爾城，整座城市在猛烈的火焰橫掃下被夷為廢墟，約有二萬八千人在火焰的侵襲下窒息而死，除了一個被關在地牢裡的囚犯僥倖逃了出來外，全城的人全部喪生。

▲西元79年維蘇威火山爆發時，龐貝城居民倉皇逃難的情景。

西元1980年，美國聖海倫斯火山連續發生四次大爆發。當時，火山灰和氣體在空中摩擦，衝擊波穿透雲層，產生雷鳴、閃電和強烈的暴風雨，並有大規模的山崩發生，使原火山的頂部降低了200公尺。

自古以來，火山爆發對人類造成巨大的危害，它的破壞力足以徹底摧毀火山附近的村莊、城市。因此，人們渴望瞭解火山爆發的規律，以期最終戰勝它。

古羅馬人普林尼是世界上最早詳細地考察和記載火山情況的人。西元79年，維蘇威火山大爆發後，普林尼對這次大爆發進行實地考察，並且詳細地記錄爆發的全部過程，為後人瞭解這次災難留下了寶貴的資料。不幸的是，由於他在考察時吸入過多火山噴出的有毒氣體，做完這個偉大的貢獻後不久就去世了。人們為了紀念這位火山研究的先驅，決定以他的名字替維蘇威型火山噴發命名。因此，維蘇威型火山噴發又叫「普林尼型火山噴發」。

二十世紀以來，伴隨著科學技術的飛速發展，人們對火山的研究也取得了重大進展。西元1944～1945年，前蘇聯東部堪察加半島一帶的克柳切夫火山開始了大規模的噴發，這次噴發持續了很長時間，而且十分猛烈。噴發停止後，一支探險隊深入火山口內，進行了為期達三十年的研究，大大加快了人類預測火山爆發的步伐。西元1955年，前蘇聯科學院的火山研究站綜合許多前人研究的成果以及他們自己的經驗，對堪察加半島進行了一番實地考察，預測該島的另一座火山將要爆發。十多天以後，這座火山果然爆發了。

西元1976年夏天，加勒比海東部瓜德羅普島上的蘇弗里埃爾火山開始噴發，且持續不斷。這一消息傳出後，世界各國的火山專家們紛紛趕到島上，在全面考察了蘇弗里埃爾火山之後，專家們提出兩種截然不同的意見。以比利時火山專家哈倫·塔齊耶夫為首的專家小組抱持十分樂觀的態度，他們認為：蘇弗里埃爾火山的內部構造和亞洲印尼、菲律賓一帶的火山相似，都是由於地下水被加熱產生蒸氣，然後從火山口噴出，這就導致每十分鐘一次的小規模噴發，由於不會有大規模的噴發，因此島上的居民是安全的。

塔齊耶夫為了進一步證實自己的推斷，決定親自到火山口實地勘察岩石的變化情況。但此時由於火山的連續噴發，已很難接近火山口。8月30日，他率領一支由九人組成的觀察小組前往火山口進行實地考察，他們冒著極大的危險從火山口取回大量的第一手資料，證明塔齊耶夫的觀點是正確的。根據他的考察成果，瓜德羅普島的居民在隆隆的火山轟鳴聲中繼續正常的工作和生活。

西元1982年的三、四月，埃爾奇瓊火山突然爆發，大量氣體和塵土被噴射到距地面42公里的高空，然後降落到北美和南美之間的廣大地區，附近的村莊皆遭受火山灰和熔岩的襲擊，無一倖免之處。

埃爾奇瓊火山的爆發最早是由美國的人造衛星探測到的。火山噴發後地球高層大氣中的二氧化氮、臭氧和水氣的含量以及海洋的表面溫度都出現了異常，天空中還出現了由數百萬噸火山灰和煙氣形成的厚達3,000公尺的巨大雲層。科學家經過分析後認為，由於大量陽光被厚厚的雲層所阻擋，使一些地區得不到陽光照射，造成地表溫度的變化，甚至有些地方出現了乾旱、熱浪和暴雨等災害。為了徹底分析這個現象以及它所帶來的後果，研究人員乘飛機降落到火山口，對火山口進行實地調查。

雖然大規模噴發已於數個月前停止，但仍有水蒸氣和有毒的氣體從湖水中和地面上大大小小的裂縫中不斷地冒出。到這裡的人都必須戴上防護面具，否則幾分鐘內就會倒斃，但即使戴上了防護面具也只能撐上幾小時。這使得考察隊員們不得不把營地建立在火山口外，然後每天冒著極大的風險乘直升機出入火山口。但用這種方法也

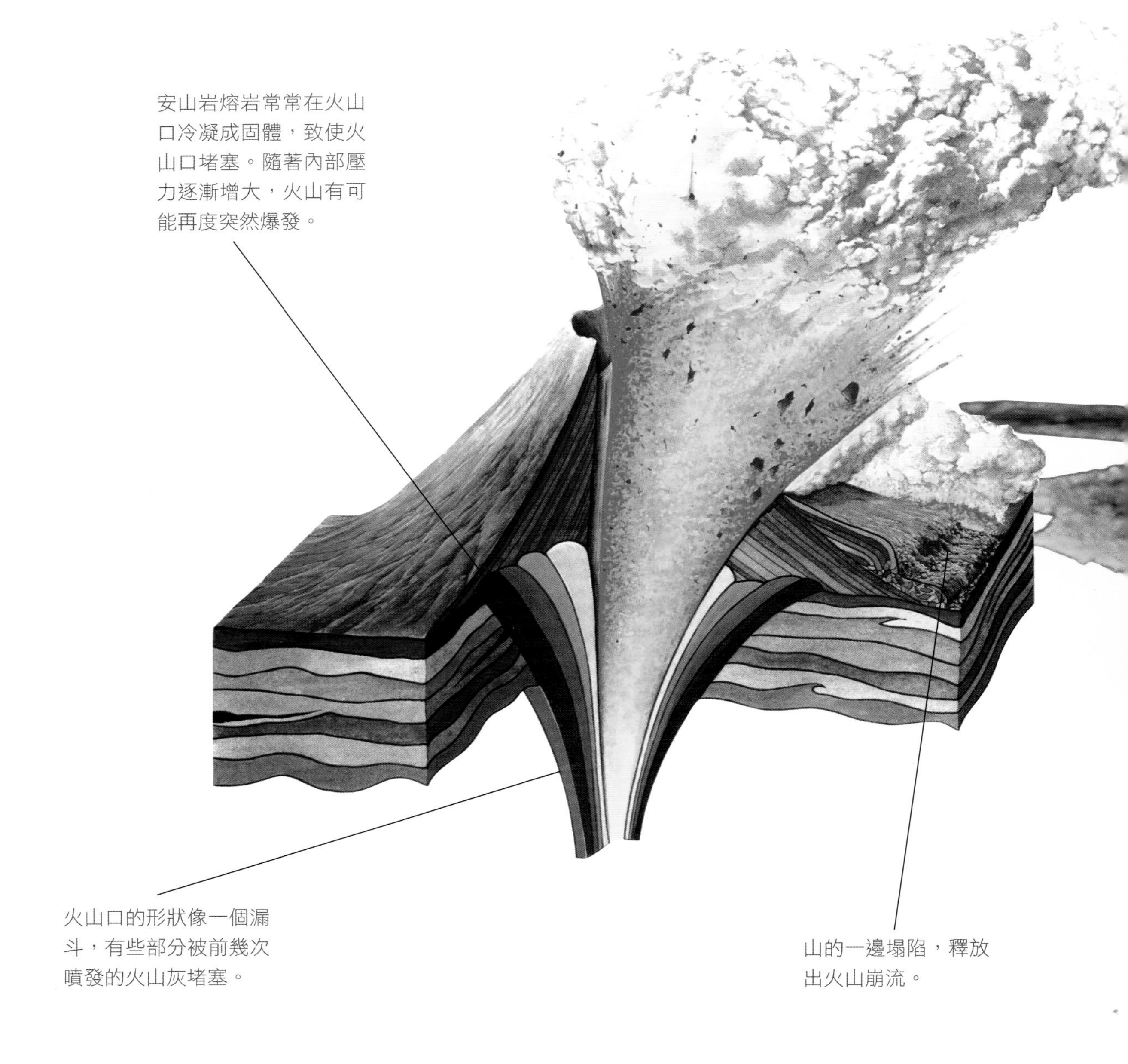

很困難，因為火山口經常有大風，使得直升機飛行困難，加上雲層很厚，導致駕駛員很難看清周圍的情況，根本無法讓直升機安全降落……

在如此惡劣的環境中，考察隊員們開始了對火山全面而仔細的研究。美國科學家羅斯是第一個走進火口湖的人。火口湖湖面很寬，湖水很淺，只浸到他的腳踝，可是高溫熱得讓人受不了。羅斯咬牙堅持著，用取樣管採集到湖水樣品。同樣毫不畏懼地走進火口湖的美國科學家湯姆斯．卡薩德瓦爾，則測出湖水的溫度為52℃。這兩名美國科學家對湖水進行檢測，發現由於很多二氧化硫溶解在水中，使得湖水呈酸性。

▼安山岩火山

安山岩火山是一種邊坡陡峭的火山錐。熔融的板塊物質從地底爆炸般地噴出，緩慢流動的熔岩和火山灰逐漸堆積起來，形成安山岩。

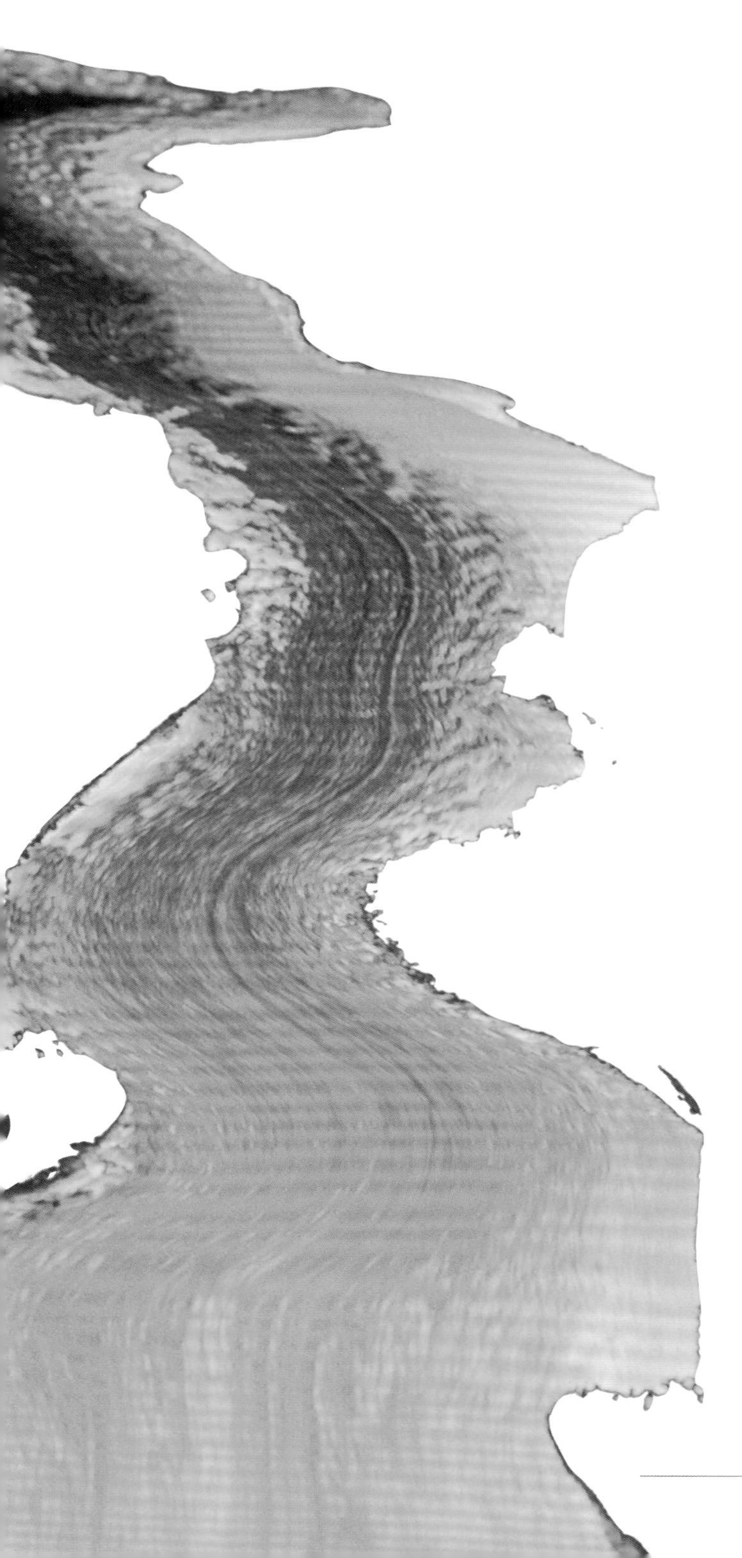

美國科學家佐勒花了許多時間和力氣才將一部重17公斤的抽氣設備安裝在火山口。他利用這部機器採集到幾十管從裂縫中冒出的氣體，經過測算後，他發現埃爾奇瓊火山每天能噴出約400噸的硫。

探險家的冒險取得了重大的成果，專家們根據他們收集的資料研究分析埃爾奇瓊火山爆發對全球氣候的巨大影響、政府應如何制定相關的農業政策等等。

在火山專家們和火山探險家的共同努力下，人們已初步掌握了一些火山活動的規律，並根據這些成果和已經積累的經驗，多次成功地對火山爆發作出預測。

在義大利的西西里島上，聳立著歐洲最高的火山──埃特納火山，歷史上這座火山曾多次爆發。西元1983年3月28日，埃特納火山再次噴發。為了維護人民的生命財產安全，義大利政府決定採取積極的措施，人為改變熔岩的流向，將它導入附近的一個死火山口裡。

西元1983年5月14日凌晨四點，人類歷史上首次成功使用人工爆破法改變火山熔岩流向。透過電視螢幕，許多人都看到了此一撼動人心的過程。這是人類在征服火山、改造火山的進程中取得的一次偉大勝利。

地震預測可以有多準？

西元1976年7月28日深夜，位於中國華北地區的唐山市萬籟俱寂，白天飽受酷暑困擾的市民們在沁涼的夜晚安然入睡。突然空中劃過一道詭異的光亮，緊接著響起十分刺耳的噪音。剎那間，地動山搖，地面轟轟裂陷，房倒屋塌，黑水從地下汩汩冒出，一座美麗的城市在頃刻間化為一片廢墟。這就是震驚中外的唐山大地震。在那次地震中，共有二十多萬人死亡，它的慘烈程度令世人震驚。

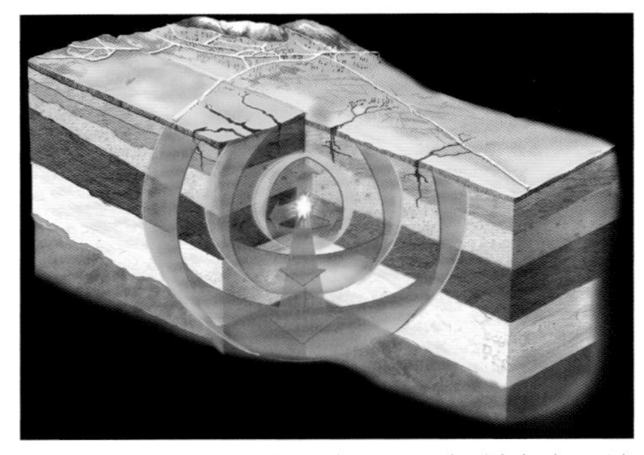

▲地震發生時，地震波從震源輻射出去，地表正對著震源的地方叫震央。震源發出的壓力波和地震波造成地面裂開。

地震是一種自然災害，它的破壞力十分強大，讓人聞之色變，使居住在地球上的人們缺乏安全感。長久以來，人類一直渴望能找到一種可以準確預報地震的方法，以減少和預防地震帶來的損失。但這個願望直到現在仍未能真正地實現。

地震的形成有兩種原因，一是火山爆發，一是地底岩石運動。一些地震發生在地底至少10～20公里的岩石圈中，有的甚至深達數百公里，這種深度大的地震和堅硬的岩石圈對人類的觀測造成了一定難度。更何況，地震是由多種因素引起的，人

▼全球地震帶分布示意圖

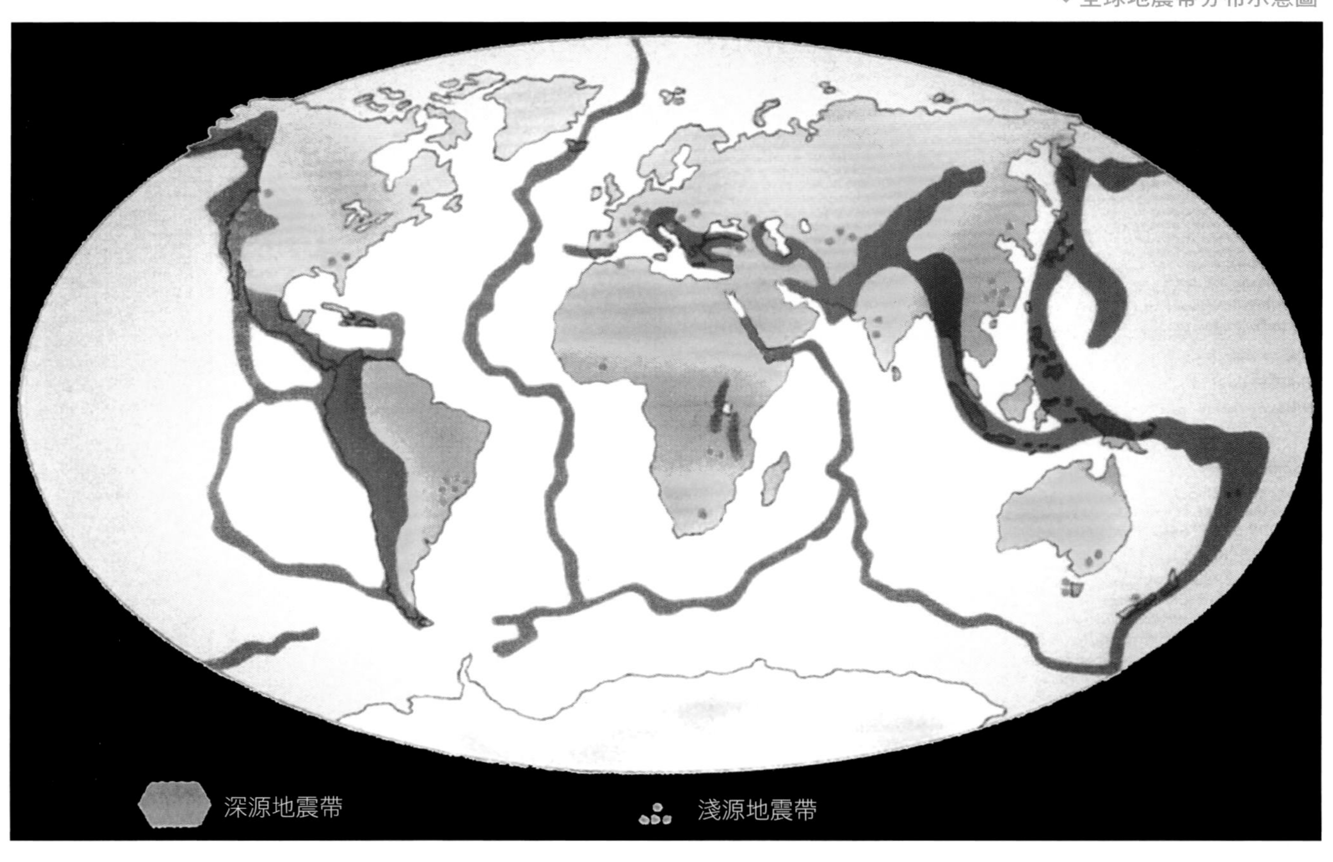

們很難一一預測到。所以，想要預測地震是件很困難的事，尤其是臨震預報和近期預報。有許多歷史資料記載了自古至今許多重大地震的情況和損失，但少有說到抗災防災、預防地震的。

現在，科學家們終於找到了一種新的預測地震的方法──運用衛星預測地震，科學家們借助衛星遙感技術進一步瞭解和觀測氣象活動。

科學家們發現，當情況異常時，地表溫度就會比周圍正常溫度高2～6℃。這與地震的發生關係密切，因為，在將要發生地震的地區，地殼會先產生龐大的力量，擠壓震中周圍的岩石。這些岩石由於受擠壓就會變形而產生裂縫，順著這些裂縫會釋放出二氧化碳、氫氣、氦氣和甲烷等氣體。由此可知，如果一個地方將要發生地震，那麼在震前，這個地方的低空大氣會局部升溫。又因為熱物體向外輻射紅外線（紅外電磁波）時，它的強度大小是受物體溫度影響的。所以，當一個地方產生熱紅外線異常現象時，那肯定是因為這個地方的低空大氣升溫，而衛星上的紅外線探測器就是專門幫助科學家們探測並及時捕捉地球表面溫度瞬間變化的。這樣，就可以及時掌握地震前發出的資訊，進而準確地預測地震。

當然，只有這種熱紅外線地震前兆資訊是不夠的。地震專家還要結合地質構造、地震帶分布以及氣象等情況進行全面分析，這樣才能準確預測地震發生的時間、地點和震級。

現在，這種新的預測方法已開始實行，並取得初步的成效。例如，西元1997年，地震工作者對日本列島做過七次預報，除了一次失誤，其餘六次都是比較準確的。

在對「衛星熱紅外線圖像震兆」的研究中，地震工作者已經取得了引人注目的成就，雖然仍有許多難題沒有解決，但地震預測技術必將會日益完善。

▼強烈的地震常會造成嚴重的災難，譬如地面裂開巨大的洞口，造成道路毀壞、建築物崩塌，甚至整座城鎮被夷為平地。

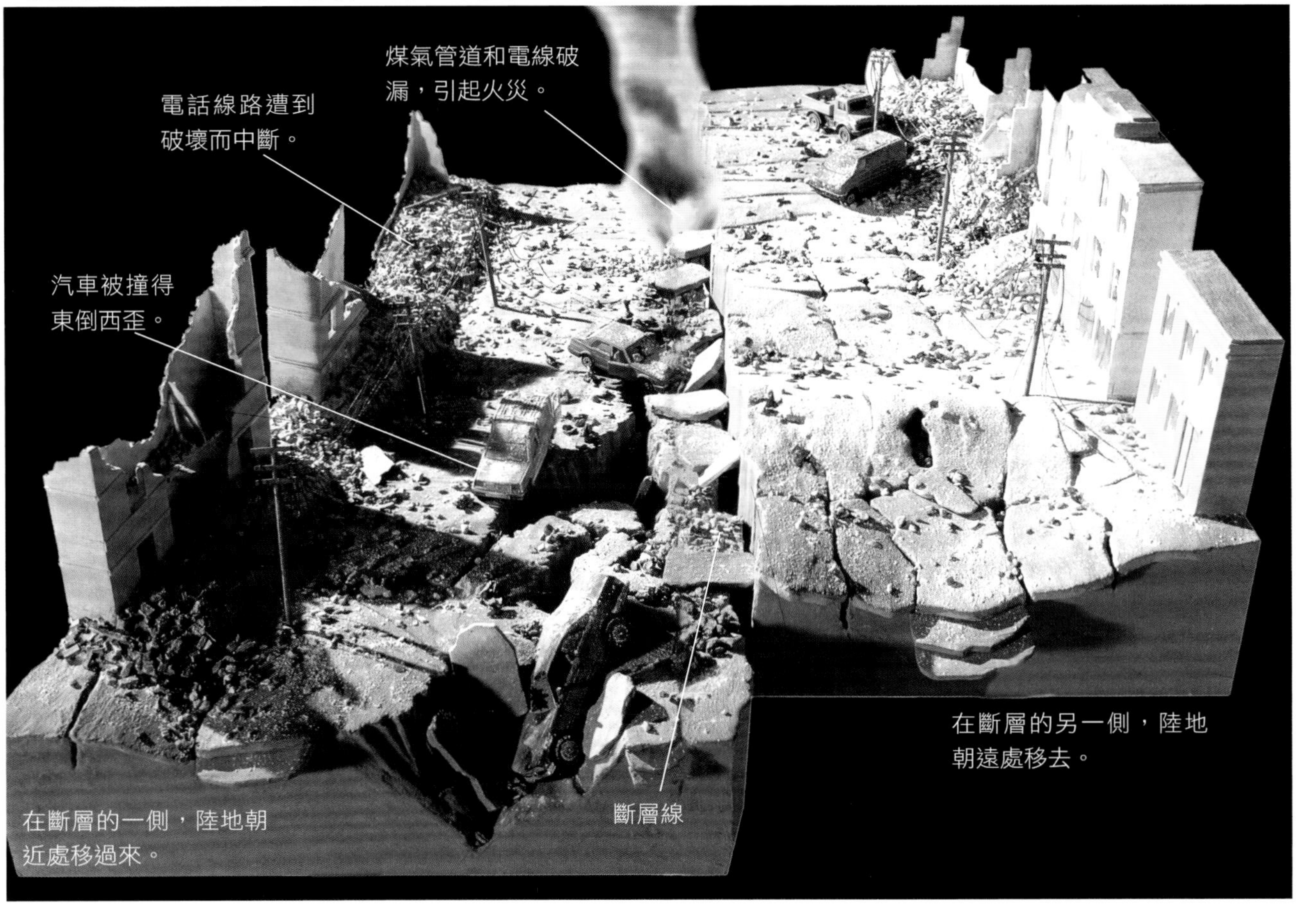

冰川是怎麼形成的？

從飛機上可以看到，一道冰牆正從冰川裂開，墜入下面的河水中。

世界上的大河，多半都發源於冰川。全世界約四分之三的淡水，都結成冰儲存起來了。

那麼，冰川究竟是怎樣產生的呢？簡單來說，每當雪的下降量超過融解量時就會形成冰川。雪暴接連降落，積雪日深，由雪片變成的冰晶便會越來越緊密，而重新結晶成為近乎球形的堅硬冰粒。隨著積雪逐年增加，冰塊逐漸增大，並且越來越堅硬。根據冰川的形態和分布特點，可分為大陸冰川和山嶽冰川兩大類。大陸冰川又叫冰被，多出現在兩極地區。大陸冰川不受地形的影響，由於冰體深厚巨大，使得地面的高低起伏都被掩蓋在整個冰川之下，表面呈凸起狀，中間高，四周低。山嶽冰川發源於山地，形態常受地形的影響，比大陸冰川小得多。它們有的靜臥幽谷，有的如瀑布直瀉而下；尤其是那些冰川上的冰塔、冰洞，形態各異。

這種像岩石般的大冰塊又怎麼會移動呢？許多科學家都認為，冰塊厚度達到30～45公分時便會起變化。晶狀冰在冰川深度遭受重大壓力時，變為半可塑性，受到地心引力開始流動。大多數冰川每天只移動1～2英寸，有些冰川則全不移動。但也有例外的，西元1966年，有一位飛機師在加拿大上空飛越史提爾山時，看見一條非常壯觀的冰川，正以每小時2英尺的速度有規律地向前滑行。

許多世紀以來，冰川已使地球面貌大為改觀。冰川沿著峽谷向前移動時，把在谷底遇到的岩石及泥土都挖了出來。岩塊碎石隨著冰川前進，又把下面的基岩磨蝕，使冰蝕槽擴寬加深。北美洲五大湖、挪威沿海的峽灣、阿爾卑斯山高聳的馬特杭峰，以及洛磯山脈都是冰川的傑作。

上次冰期在一點八萬八千年前達到最高點時，地球陸地大約有30%被冰原覆蓋了。四個巨大的冰原相繼侵襲北半球，在斯堪的納維亞半島積冰

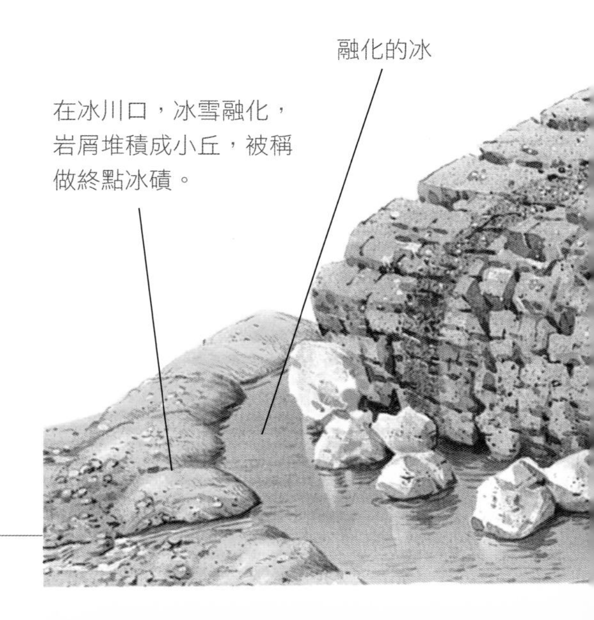

高達八千多英尺。冰原向南推進，掩蓋了英格蘭北部和德國，向東幾乎到達莫斯科。在北美洲，積冰一直到把過半的大陸掩蓋了才停止。約在一萬三千年前上次冰期的冰才開始迅速消退。融解後的水使各海洋的水面上升了400英尺左右，接近目前的水平。但至今仍存留著兩個冰原，一個在南極洲，一個在格陵蘭。南極洲幾乎都被堅冰覆蓋著，有些地方冰原厚達六百多公尺。

格陵蘭冰川整個面積為1,650,000平方公里，占格陵蘭總面積的90%，中心最大厚度達1,860公尺，邊緣僅45公尺。巨大的冰山從險峻的格陵蘭高原崩裂下來，滑入海洋，最後漂流到數百英里之外。

那麼上期冰川又是怎樣形成的呢？

太陽輻射說認為，太陽輻射放出的能量發生改變時，地球上的溫度也隨之變化。因此在太陽輻射減弱的時期，地球就可能變冷，冷得足以引起一次冰期。

另一種學說則認為地球大氣成分中許多原因不明的變化，例如雪層增厚、空氣污染、火山塵、隕星碎石或其他物質，都可能擋住一部分太陽輻射，而導致地球溫度的降低。

那麼地球上的冰川是否會大量融解，導致海面上升把沿海各大陸淹沒呢？地球是不是會逐漸變冷，進入另一個冰期呢？這類問題還有待進一步研究。

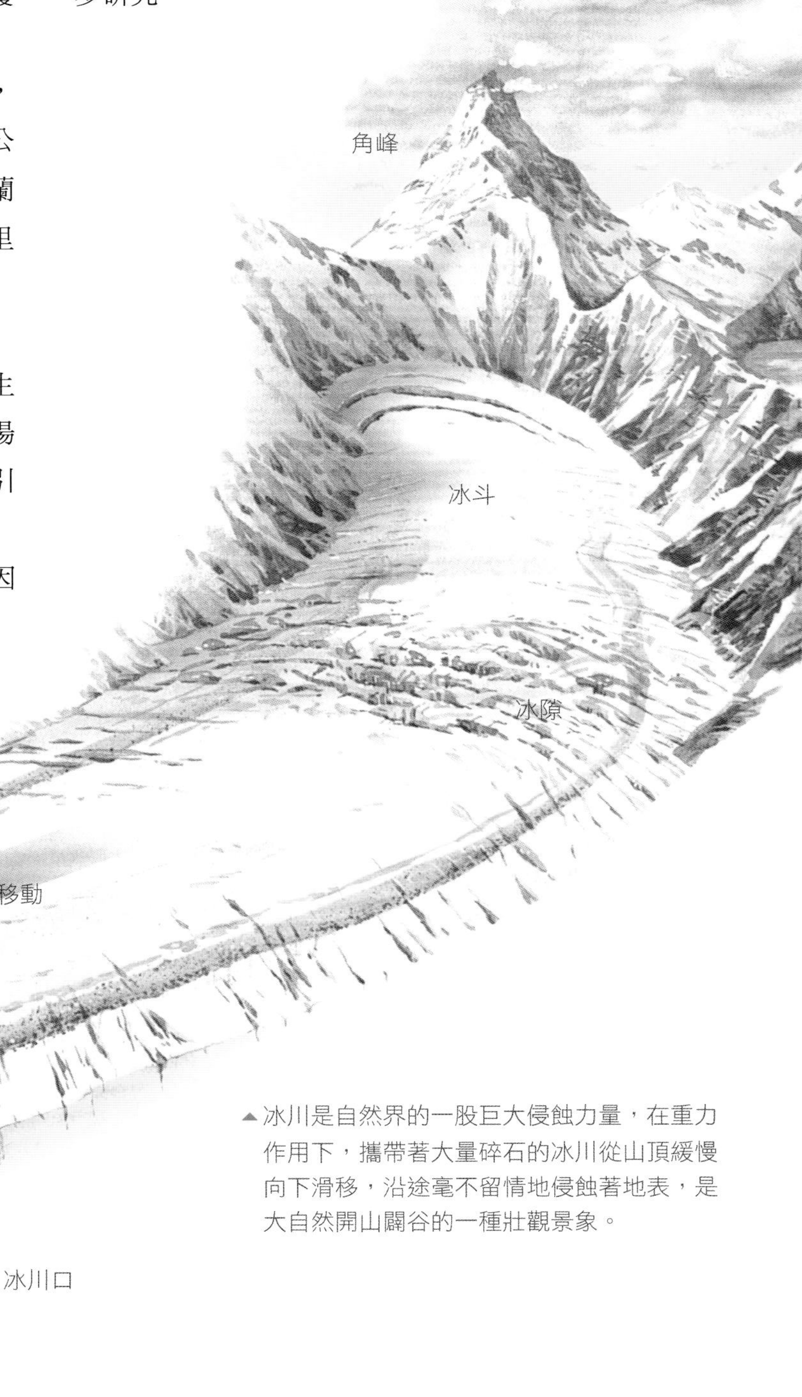

▲冰川是自然界的一股巨大侵蝕力量，在重力作用下，攜帶著大量碎石的冰川從山頂緩慢向下滑移，沿途毫不留情地侵蝕著地表，是大自然開山闢谷的一種壯觀景象。

海洋是怎麼形成的？

海洋總予人一種廣闊深邃之感，海洋面積為361,000,000平方公里，占全球總面積的70.8%，而陸地則小得多，僅為29.2%。可是你是否想過，這麼多水是從哪裡來的呢？

對於這個問題，自古以來人們就一直在思考。在科技不發達的古代，人們常將無法解釋的事物、現象和神話聯繫起來，對於海水的來源以及海洋的成因，同樣也有許多美麗、離奇的傳說。

關於海洋形成的神話，在古代的巴比倫流傳著這樣的故事：月神馬尼多克在與惡魔狄亞馬德搏鬥中殺死了他，並把他的屍體分成兩半。月神將一半向上高舉，這一半變成了太陽和月亮；將另一半向下沉落，則變成了山嶽、河流和海洋。

▸希臘神話中的海神波塞頓

中國古代同樣有一個關於海洋形成的神話，在神話中有個力大無比的英雄名叫共工，他一怒之下推倒不周山，不周山是支撐天地的一根支柱，天地因此失去支撐而傾斜。天傾西北，石頭從天上掉下來，從此西北多高山；地陷東南，於是海洋便在中國東南方形成了。

時至今日，科學水準突飛猛進，但在海水來自何處此一問題上還沒有定論。

大眾較為熟知的是「同生說」，即地球產生的同時，海洋也相伴而生了。這種觀點將海洋的形成和地球形成的地質演變緊密聯繫在一起。

太陽星雲在六十多億年前產生分化，地球物質在太陽的分化時期獨立

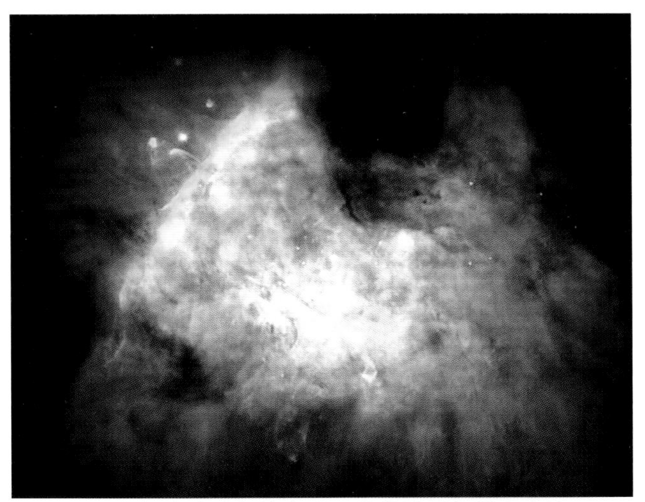
▲有科學家提出地球上的水最早是從星雲物質中來的。

▲根據美國弗蘭克等科學家的理論，太空中由冰組成的彗星是地球上水的來源。

了出來。最初，這些物質以一個個團塊的方式混雜在一起，團塊在運動過程中互相碰撞結合，逐漸由小變大，一個原始的地球在這個過程中發展到一定的程度時就產生了。原始地球沒有現在大片的蔚藍色海洋以及嚴嚴實實地包裹著地球的厚厚的大氣。它是沒有生命的，一切都未成形，地球溫度也不高，各種物質混雜在一起。後來它的內部逐漸變暖，其原因是地球的增長和絕熱壓縮作用。地球內部的一些放射性元素開始蛻變，釋放出大量不斷累積的熱量。內部不斷升溫，物質在高溫下開始融解。重者在重力作用下下沉，輕者則上浮，在高溫下水氣與大氣從其他物質中分化出來，飛升進入空中，形成地球上厚厚的大氣層。後來水氣與大氣的溫度在地球表面逐漸變冷的影響下降低，水氣凝結成雲，行雲成雨，通過千溝萬壑，雨水在原始的窪地中匯集成江河、海洋。原始水圈就是這樣形成的。

研究地球內部構造和物質水分的科學家在海洋形成的問題上提出了自己的觀點，他們認為地球表面本來沒有水，水是後來從地球內部「擠」出來的，這就是著名的內生說。

科學家推測，原始海洋中的海水只有目前的十分之一，經過長期積累才有今天這樣的規模。海水增加的最主要方式是火山活動。火山爆發時，噴射出以氯化鈉、氯化鉀等大量氯化物和水氣為主要成分的高溫氣體。有時這種氣體噴發時甚至伴隨有沸騰的水柱，因而火山活動釋放出十分驚人的水分。現在每年火山爆發噴出大量溫泉，其水量就高達6,600億噸。地球在數十億年的生命史中經歷了漫長的地質歷史時期，許多次的火山爆發產生大量的水，它們匯集在一起，便形成了今天的海洋。

水是不斷從地球深部釋放出來的，大量氣體在每次火山爆發時噴出，其中水蒸氣最多時要占到75%以上。水分也存在於地下深處的岩漿中，火成岩由岩漿凝固結晶而成，裡面也含有一定數量的結晶水。

但是，隨著人們對火山現象研究的不斷深入，發現和火山活動有關的水是地球現有水迴圈的一部分，並不是什麼從深部釋放出來的「新生水」。在世界各火山活動區與火山有關的熱水中存在一種成分，叫做氚。科學家克萊因對其作了分析，證明與當地的地面水一樣，具有相同的同位素比，進而確認滲入地下的地面水在火山熱力的作用下，它們重新上升產生了氚。後來，有些科學家分析某些地區火山熱力的氚，發現人工爆炸產生高含量的氚，這就進一步說明有些火山熱水只不過是新近滲入地下的雨水。那些主張地球水來自「娘胎」的研究者根據這些研究成果修正了對火山水的看法，認為在地球演化的早期，現有

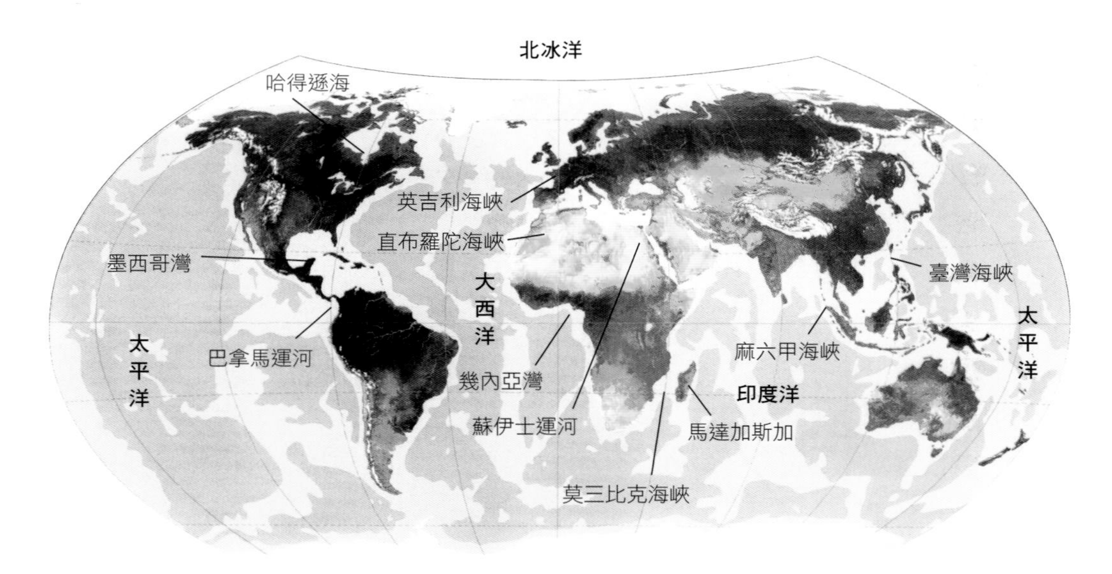

▲ 海灣海峽示意圖

的地球水從深部釋放出來。

與同生說、內生說不同，一些學者認為地球本身沒有「能力」產生這麼多的水，他們認為海洋中大量的水來自於地球之外，於是提出了外生說。但是在外生說本身，也有很大的分歧。

有些科學家說，地球水是太陽風帶來的，是太陽風的傑作。科學家托維利首先提出，太陽風是太陽外層大氣向外逸散出來的粒子流。他還認為電子和氫原子核——質子是太陽風的主要組成成分。托維利根據計算得出結論：地球從形成到今天，已從太陽風中吸收了大量的氫，其總量達1.70×1,023克。如果把這些氫全數與地球上的氧結合，就可產生1.53×1,024克的水，這個數字十分接近地球現有水的總量145億噸。更重要的是，地球水中的氫與氘的含量之比為6700：1，這和太陽表面的氫氘比是十分接近的。因此他認為，地球水來自太陽風的最有力的證據就在於此。但是一些科學家發現，大氣中水蒸氣分子在太陽紫外線的作用下，會分解成氫原子和氧原子，從而造成地球表面的水向太空流失。當氫原子到達80～100公里氣體稀薄的高熱層中，氫原子就會離開大氣層而進入太空，其運動速度會超過宇宙速度。人們的計算結果顯示，飛離地球表面的水量大致等於進入地球表面的水量。但地質學家發現，全世界海洋的水位在二萬年間漲高了大約100公尺，直到今日人們還不能解釋地球表面的水不斷增多的原因。

當人們懷疑海洋中的水形成於太陽風時，美國法蘭克等科學家提出了地球上的水來自太空中由冰組成的彗星這樣一個理論。這個理論引起了科學界的廣泛關注。

法蘭克等人自西元1981年以來研究了從人造衛星傳回的數千幅地球大氣紫外輻射圖像，他們發現在地球的圓盤形狀圖像上，總有一些小小的黑色斑點。每個小黑斑大約存在二到三分鐘，面積約有2,000平方公里。仔細研究和檢測分析之後，科學家們認為這些黑斑是由一些看不見的冰塊組成的小彗星撞進地球大氣層後破裂和融化成水蒸氣造成的。每五分鐘大約有二十顆這種冰球進入大氣層，它們平均直徑為10公尺，每顆融化後相當於100噸左右的水，進而每年可增加約10億噸水。地球大約有四十六億年的歷史，也就是說，地球從這種冰球中可獲得460億噸水，超過了現在地球水體總量。

地球上的海水來自何處，對此學者們有截然不同的看法，每一種假說都有其合理之處，但每一種學說又都會遇到無法解釋的現象，海水的真正源頭至今還是一個謎。

現象之謎

The Mysteries of Natural Phenomena

巨大冰雹是怎麼形成的？

從春末到夏季，是冰雹經常出現的季節。但是，按常理來說，只有在冬天那種寒冷的天氣裡才會結冰，可為什麼在炎熱的夏天也能形成冰？這實在是令人費解。

中國面積遼闊，各地的氣候條件各具特點，有些地方就常常發生冰雹災害。冰雹的分布有一個特點：西部多，東部少；山區多，平原少。冰雹在中國東南部地區很少見，常常幾年、幾十年也遇不到一次；而青康藏高原則是冰雹常光顧的地區，局部地區每年下冰雹的次數超過二十次，個別年份達五十次以上。唐古喇山的黑河一帶是中國冰雹最多的地方，平均每年下冰雹達三十四次之多。

世界上冰雹最多的地方則是肯亞的克里省和南蒂地區，那裡一年三百六十五天中有一百三十天左右右會下冰雹。

西元1928年7月6日，在美國內布拉斯加州的博達，下了一次規模較大的冰雹，冰雹堆積有3～4.6公尺高，其中最大的一個冰雹周長431.8毫米，重680克，是當時世界上最重的冰雹塊。

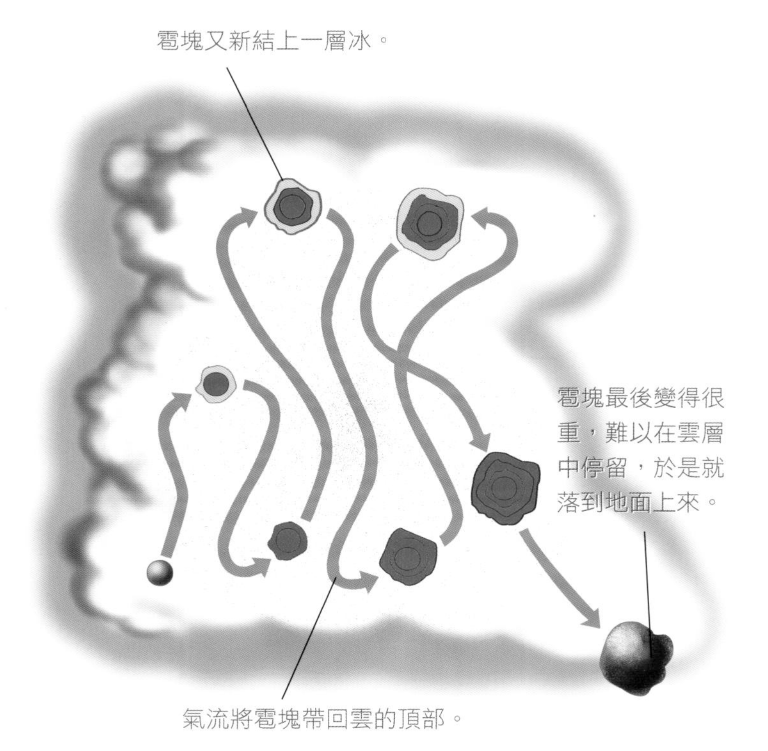

▲冰雹要變成豌豆那樣大的雹塊必須在雲中停留足夠長的時間，亦即以每秒30公尺的速度不停地上下運動。

西元1968年3月，在印度比哈爾邦降下的冰雹當中，有一塊甚至重達1,000克，一頭小牛當場被砸死。這是人類歷史上一次嚴重的冰雹災害，十分罕見。

那麼，冰雹是怎麼產生的呢？它為什麼會在夏天出現呢？

原來夏天的時候，大量水氣在強烈的陽光照射下急遽上升，到高空遇冷迅速凝結成小冰晶往下落，一路上碰上小水滴，摻合在一起變成雪珠。雪珠在下降過程中被新的不斷上升的熱氣流帶回高空。就這樣，雪珠在雲層內上下翻滾，裹上層層冰外衣，愈變愈大，也愈來愈重，終於從空中落下，成為冰雹。冰雹小如黃豆，大如雞蛋，最大的像磚塊那麼大。冰雹形狀並不規則，多數呈球狀，有時呈塊狀或圓錐狀。冰雹內部構造很不均勻，中間有一個雹核，主要是由霰粒或軟雹構成，也有由大水滴凍結而成透明冰核的。雹核的外面交替地包裹著幾層透明和不透明的冰層，有的冰雹多達十幾層甚至三十層，在冰層中還夾雜著大小不同的氣泡。

西元1894年5月11日下午，在美國的博文納一帶下了一場大冰雹。人們發現其中有一塊冰雹直徑竟然長達

15.2～20.3公分。仔細觀察後發現，冰雹裡居然有一隻烏龜，外面才是層層厚冰。原來那天的博文納正刮著龍捲風，這隻不幸的烏龜被旋風卷上天空，直上雲霄，在雲海裡被當做核，被冰晶層層包裹，等到超過上升氣流的承托力時，才墜落到地面。

有趣的是，有時一場冰雹過後，人們會發現一些特大的冰雹，有的重數十公斤，足足有臉盆大；有的竟有汽車那麼大。如西元1957年，中國內蒙古伊克昭盟金霍洛旋下了一場冰雹，人們在山谷中發現了一塊像一輛吉普車那麼大的巨雹。更令人驚奇的是，西元1973年6月13日，在中國甘肅華池縣山莊橋發現的一塊巨雹比房屋還高。

這些巨雹真是從天上掉下來的嗎？但上升空氣是托不住一個重達10公斤的巨雹的，所以巨雹來自天空的可能性微乎其微。那它又來自何方呢？

由於沒有足夠的證據，科學家只能對巨雹之謎進行推測。他們認為，在降雹過程中，冰雹雲後部受到乾冷空氣的侵襲，結果降落到地面的雨滴仍保持著冷卻性，隨風飄下的雨滴聚集在某一冷的物體側面上，一邊凍結，一邊增厚，形成棱形的巨雹。因此，它的原料來自於天上，成品卻是在地面上加工形成的。這種推測有一定的道理，但目前也只是推測。

巨雹究竟是怎麼一回事？我們只能寄望於氣象學家的研究。總有一天，這個謎會被解開。

▼有的冰雹就像是雪一樣，鬆鬆軟軟的；但有的冰雹就像是冰塊一般，相當堅硬。如果降下的冰雹過大時，就有可能造成農作物、建築物甚至是對人的傷害。

如幽靈般恣意為虐的怪風

風是一種常見的自然現象，但是，大自然也造出了許多怪風，它就像在空中飄蕩的幽靈，給人類的生產、生活帶來了危害。

有一句俗語——「清明前後刮『鬼風』」，這種所謂的「鬼風」能轉著圈跟著人走。世界上當然是沒有鬼的，這種風其實是一種塵捲風，它一旦遇到障礙物，便會改變前進的方向，在一個地方打轉，有時它還挾帶著泥沙、紙屑旋轉上升。

有一種叫「焚風」的風可以把東西點燃，在乾燥季節能使樹葉、雜草等著火，引起火災；冬季，這種風可以使積雪在短時間內融化，造成雪崩。焚風最早是指氣流越過阿爾卑斯山後，在德國、奧地利和瑞士山谷出現的一種熱而乾燥的風。實際上在世界其他地區也有焚風，如北美的洛磯山、中亞和西亞山地、高加索山、中國新疆吐魯番盆地。這種風主要是因為受到山脈阻擋時沿著山坡上升而形成的。一般來說，空氣流動遇山受阻時會出現爬坡或繞流。氣流在迎風坡上升時，溫度會隨之降低。空氣上升到一定高度時，水氣遇冷出現凝結，以雨雪形式降落。空氣到達山脊附近後，變得乾燥，然後在背風坡一側順坡下降，並以乾絕的熱率增溫。因此，空氣沿著高山峻嶺沉降到山麓的時候，氣溫常有大幅度的升高，從而形成焚風。焚風常造成農作物和林木乾枯，也易引起森林火災，遇特定地形，還會引起局地風災，造成人員傷亡和經濟損失。阿爾卑斯山脈在刮焚風的日子裡，白天溫度可突然升高20℃以上，初春的天氣會變得像盛夏一樣，不僅熱，而且十分乾燥，經常發生火災。西元2002年11月14日夜間，時速高達每小時160公里的焚風風暴開始襲擊奧地利西部和南部部分地區，數百棟民房屋頂被風刮跑，300公頃森林的大樹被連根拔起或折斷。風暴還造成一些地區電力供應和電話通訊中斷，

▲烈日炎炎的沙漠經過「怪風」的襲擊後，出現了銀妝素裹的奇景。

▲颱風是一種形成於熱帶海洋上的風暴，對人類危害極大。

公路鐵路交通受阻。

在怪風家族裡，不僅有可以點燃東西的焚風，還有無比寒冷的布拉風。約一百年前，俄國黑海艦隊的四艘艦艇停在海岸邊，忽然刮來一陣狂風，捲起千層巨浪，剎那間船被凍成了一座冰山，最後全部沉沒。布拉風是一種具有颶風力量的極冷的風，有時會整個晝夜吹個不停。西元2002年12月，海測艇和輔助船「北冰圈」號由於沒有及時進入公海，被布拉風吹得冰凍起來並沉入海底。人們經過研究發現，這種可怕的風是因為陸地上空控制的冷空氣團和不斷上升的海上熱空氣之間的氣壓差而形成的。這種風的風力可以達到12級，甚至超過12級。它發出的巨大響聲，具有極強的摧毀力與破壞力，在這種風的襲擊下，一切事物都可被摧毀。

▲ 颱風的風力一般在8級以上，常與狂風暴雨、驚濤駭浪一起產生。

上面說的這些風雖然都很奇怪，但若要舉出一個對人類危害最大的，還是非颱風莫屬。

颱風是一種形成於熱帶海洋上的風暴，太陽的照射使海面上的空氣急遽變熱、上升，冷空氣從四面八方迅速聚攏，熱空氣不斷上升，直到到達高空變為冷空氣為止。這些熱空氣冷凝後，立即變為暴雨，四面八方衝來的冷空氣夾著狂風暴雨產生一個大漩渦，從而形成颱風。颱風對人類危害極大，它有時會把大樹連根拔起，會把房頂掀掉，伴隨狂風而來的大雨還會淹沒莊稼、中斷交通。海面上，颱風的破壞力更是驚人，它掀起滔天巨浪，威脅著海上作業人員和海上航行的船隻的安全。如果颱風在空中產生帶有垂直轉軸的旋渦，就會形成龍捲風，這是一種強烈的小範圍旋風，其破壞力遠遠大於颱風。上海浦東地區曾受過龍捲風的襲擊，那場風把一只110,000噸重的儲油罐輕而易舉地拋到120公尺以外。

颱風理所當然是一種恐怖的怪風，然而怪風家族裡的一些「微風」也具有一定的破壞力。

一個晴朗的夏夜，一座70公尺高的鐵塔在一聲巨響中全部倒塌了。當時除了陣陣微風外，沒有任何異常情況，當時人們不知道鐵塔為何而塌。後來，人們才發現當氣流貼著物體流動時，會形成一個個小旋渦，這旋渦會產生一種使物體左右搖擺的力，從而危及建築物。建築物的設計師們只注意到大風，卻沒有注意到這種微風的破壞力，前面講的那座鐵塔就是被這微風吹倒的。

怪風雖怪，但如果我們巧妙地加以利用，有些怪風也可以為人類造福。比如，人們利用「欽諾克」（美國洛磯山東麓所吹之焚風，Chinook Wind）風帶來的熱量，在經常出現「欽諾克」風的地方種植一些作物和果樹，便可利用「欽諾克」風帶來的熱量來促進植物的生長，從而使當地也可種植一些原本要栽在南方的植物。同時，農作物和水果的品質也得到了改善。只要我們能夠認識它們，就一定會找到辦法興利避害，讓怪風為人類服務。

極光為何只出現在南北極？

那是在西元1950年的一個夜晚，淡紅和淡綠色的光弧在北方的夜空上閃耀，所有見過那晚北極光的人至今都能回想起當時的盛況。極光時而像在空中舞動的彩帶，時而像在空中燃燒的火焰，時而像懸在天邊的巨傘。它絢麗多姿，不斷變幻著自己的形狀，一會兒紅，一會兒藍，一會兒綠，一會兒紫，就這樣輕盈地在夜空中飄蕩了好幾個小時。

而這一美麗的奇景也曾在中國的黑龍江漠河、呼瑪一帶出現過。西元1957年3月2日夜晚七點左右，忽然一團燦爛的紅霞騰起，瞬間化為一條弧形光帶，停留在夜空中長達四十五分鐘之久。同年，中國北緯40°以北的廣大地區也出現了同樣的現象。其實，北極光是非常罕見的自然現象，中國歷史上記載的極光現象，西元前30年～西元1975年只有五十三次。

西元1960年，在俄羅斯的列寧格勒也出現過罕見的北極光。那晚，北極光異常強烈，光弧發出白、紅、綠的光輝，升上高空，愈來愈耀眼，直上萬里。

當極光剛開始出現在夜空時，人們先是看到一條中等亮度的均勻的光弧以直線或稍彎曲的形狀橫過天空伸展開來（長度幾百公里，甚至幾千公里，寬十多公里或幾十公里）。光弧的上端一般離地950公里左右，而下端則是離地100公里左右。它往返掃動的速度達每秒幾十公里，只需幾分鐘其高度就可以增加到1,000倍。

西元1988年8月25日晚上九點，在中國黑龍江省漠河縣、呼中區、新林區又出現了極光。剛開始時，突然在地平線上出現了一個亮點。而後它沿著W型的曲線以近似螺旋的軌跡上升。亮點在不斷地升高、移動，面積也在不斷地擴大，而亮點的尾部留下了像火燒雲似的美麗光帶。此時亮點開始出現了一個淡藍色的圓底盤，接著，圓底盤從淡藍色變成了乳白色。亮點射下一束扇狀的光面，閃了幾下便消失了。在這個時候，西方低空中的光帶向上擴展所形成的淡藍色雲團就像一個倒放著的煙斗。這條橙黃色帶和淡藍色的雲團持續了四十分鐘左右才逐漸消失。

然而，這絢麗壯觀的極光卻有極強的破壞力。極光對通訊、交通等方面都會帶來嚴重的影響，它能干擾電離層，影響短波無線電訊號的傳播。在極光強烈活動的影響下，美國遠在阿拉斯加的計程車司機竟然可以收到來自本土東部的紐澤西州調度員的命令。極光的不斷變化也可能會使電話線、輸油管道和輸電線等細長的導體中產生感應電流，使輸油管道被嚴重腐蝕。西元1972年，在美國的緬因州至德州的一條高壓輸電線跳閘，加拿大哥倫比亞的一部230,000伏特變壓器被炸毀，這一切突發事件的「主犯」就是奇特而瑰麗的極光。

▲ 瑞典北極圈內地區，冬夜永無黎明。北極光就像溫暖的火焰，照亮了黑暗的大地。

千百年來，人們一直在研究、尋找極光形成的真正原因。很早以前就有人觀察到了這一大奇景，但對於它的「橫空出世」，至今還是沒有人能夠

▲出現在瑞典基魯那市上空的極光

用科學的說法予以完整的解釋。在古代，極光被愛斯基摩人誤認為是火炬；而又有一些人把極光描繪成上帝神靈點的燈，鬼神用它引導死者的靈魂上天堂；而在羅馬，極光被說成是黎明女神奧羅拉在夜空中翩翩飛舞，迎接黎明的到來。

前蘇聯科學家羅蒙諾索夫曾經做過這樣一個實驗：在一個接近真空的球的內部製造人工放電現象。結果在空氣極其稀薄的玻璃球內，隨著放電，不斷發現閃光。於是他得出結論：極光是空氣稀薄的高空大氣層裡的大氣放電所造成的。後來，這個實驗被不斷地重複驗證，結果是完全相同的。極光是一種放電現象的觀點得到證實。但仍有很多關於極光的謎尚未解開。比如，高空空氣發光是怎樣引起的？為什麼極光就像萬花筒一樣可以變幻成千奇百怪的形狀，並且在不斷變化中的形狀都沒有重複？極光的現象為什麼大多發生在兩極？

後來科學研究證實，極光的產生源於太陽的

活動。太陽不斷放出光和熱，它的表面和內部都在不斷地進行著各種各樣的化學元素的核反應，產生強大的內含大量帶電粒子的帶電微粒流；這些帶電微粒射向空間，會和地球外80～120公里高空的稀薄氣體的分子發生碰撞，由於這個速度太快，因而就會發出光來。

太陽活動高潮的週期性大約是十一年一次。在高潮期，太陽黑子會呈旋渦狀出現，且數量很多。這時的極光因為太陽的異常現象，也會比平時更瑰奇壯麗。由此可看出太陽活動控制著極光活動的頻率。有人發現，當一個「大黑子」出現在太陽中心的子午線時，在二十到四十小時後，極光就會在地球上露臉。因此，是太陽發出的電造就了極光。

極光現象為什麼只出現在南北兩極呢？因為地球就像是一個以南北兩極為地磁兩極的大磁

▾北極光的藍綠光線，劃破了加拿大育空省懷特豪斯的十月夜空。圖為停泊在船塢裡的一艘輪船，添上了一點節日氣氛。

石，而從太陽處來的粒子流就是指南針，它飛向兩極的運動方式是螺旋形的。事實上，磁極不能控制所有的帶電粒子流，在太陽非常強烈地噴發帶電粒子流的年分裡，人們也能在兩極地區以外的一些地方觀察到極光。不同氣體可分成如氧、氮、氬、氖等，所以空氣成分非常複雜，而這些成分在帶電微粒流的作用下，產生不同色彩的光，所以極光才能如此美麗多姿。

有人從地球磁層的角度去研究極光。地球磁層把地球緊緊包住，就如同地球的「保護網」，使地球不受太陽風輻射粒子的侵襲。可是這張「保護網」在南北極上空就不如別的地方密實，這裡有許多大的「間隙」，因此一部分太陽風輻射粒子就乘機進入地球磁層。這一點從衛星上看得分外清楚：當太陽耀斑開始爆發時，有些電子就加速沿磁力線從極區進入地球大氣層。這就在兩極上空形成一個恆定的環形光暈，即極光橢圓環。極光的圓環並不是一成不變的，其大小、明暗的程度隨著帶電粒子的湧入量而變化。由於南北極上空有那些「間隙」，所以極光只出現在兩極地區的上空。

現在還有一個疑問是，太陽風進入星際空間的行動是連續的，太陽風會進入地球極區「通道」，但為什麼南、北極的極光並不是時刻可見呢？難道說太陽風所經過的那些「間隙」中還設有「關卡」嗎？關於這一點，有一個很合理的假設：太陽風帶電粒子進入這些「間隙」後，並不是一下子就爆發的。地球磁力線有一種能力，可以把這些帶電粒子先藏起來，只有在一些特定因素如太陽黑子強烈活動的影響下，地球磁力線才把帶電粒子放出來，於是就有了極光。

可是，這些假設都不能解釋地面附近出現的極光現象。有人說這些地面極光是地面附近的靜電放電所致，因此，極光會出現在離地面4～10英尺的地方。

又因為許多彗星明亮的尾巴與極光有很多相似的地方，這使人很自然地將這兩種現象聯繫起來。除此之外，還有很多觀點，這裡就不一一列舉了。儘管極光之謎還沒有完全揭開，但人類已初步瞭解了它的許多方面。科學家們對太陽風的研究監測還在嚴密地進行，他們希望透過觀察，確定太陽風的各種參數是如何變化的。

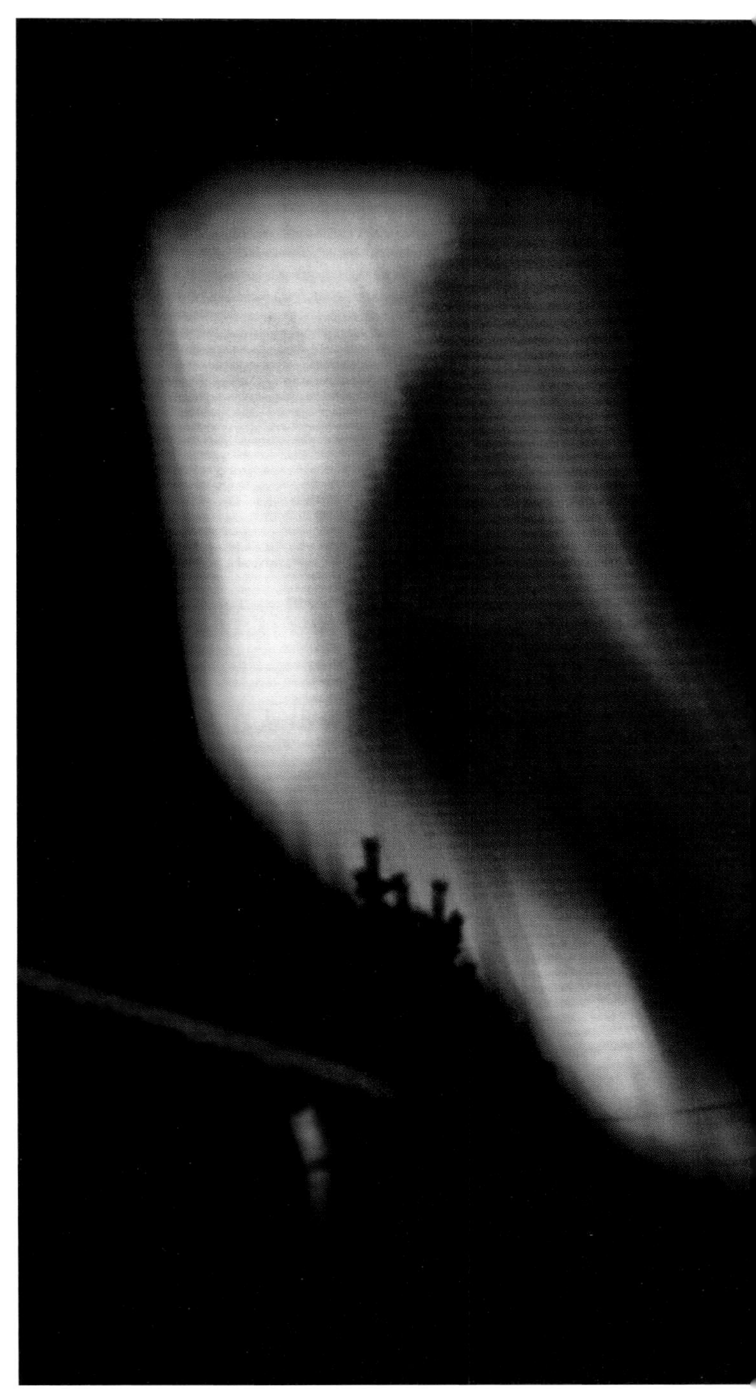

▲ 在太陽黑子極活躍時期，兩條北極光照亮阿拉斯加。

溫室效應是全球暖化的元凶？

近年來，全球氣候逐漸變暖，科學家們根據長期觀測得到的大量資料分析指出，全球氣候在二十世紀明顯變暖，跟二十世紀初相比，現在的平均氣溫上升了0.5℃，這種溫暖期是過去六百年裡從未有過的。

全球氣候在整個二十世紀確實一直在變暖，但氣候變暖是不是因為「溫室效應」呢？會不會持續變暖呢？各種論點對此眾說紛紜。

有些科學家認為二十世紀氣候變暖是「小冰期」氣溫回升的延續，是自然演變的結果，跟「溫室效應」無關。在地球存在的四十五億年中，氣候始終在變化，並且是以不同尺度和週期冷暖交替變化的，也就是說，二十世紀氣候變暖是正常的自然現象，人們不必恐慌，到了一定的時期氣溫自然會變冷。科學家經研究發現：第四紀時，也就是距今二百五十萬年前，地球上出現了多種不同尺度的冷暖變化。週期愈長，氣溫變幅也愈大。週期為十萬年左右的冰期，氣溫變化了10℃；週期為二萬年的，氣溫僅變化了5℃。在近一萬年中，這個規律依然在作用：十年尺度氣候變化的變幅是0.3～0.5℃；一百年尺度氣候變化的變幅為1～1.5℃；一千年尺度氣候變化的變幅為2～3℃。

但還有些人反對以上觀點，他們認為，全球氣候變暖是因為「溫室效應」，而人類是造成「溫室效應」的罪魁禍首。近幾十年來，發展迅速的工業製造業以及日益增多的汽車等，導致燃燒礦物燃料愈來愈多，人類排放進空氣中的二氧化碳大大增加。加上綠色植物尤其是森林遭到了極大破壞，無法大量吸收人類排出的二氧化碳，因此，大氣層中的二氧化碳濃度大大增加，阻礙了大氣和地面的熱交換，引發「溫室效應」。大量的二氧化

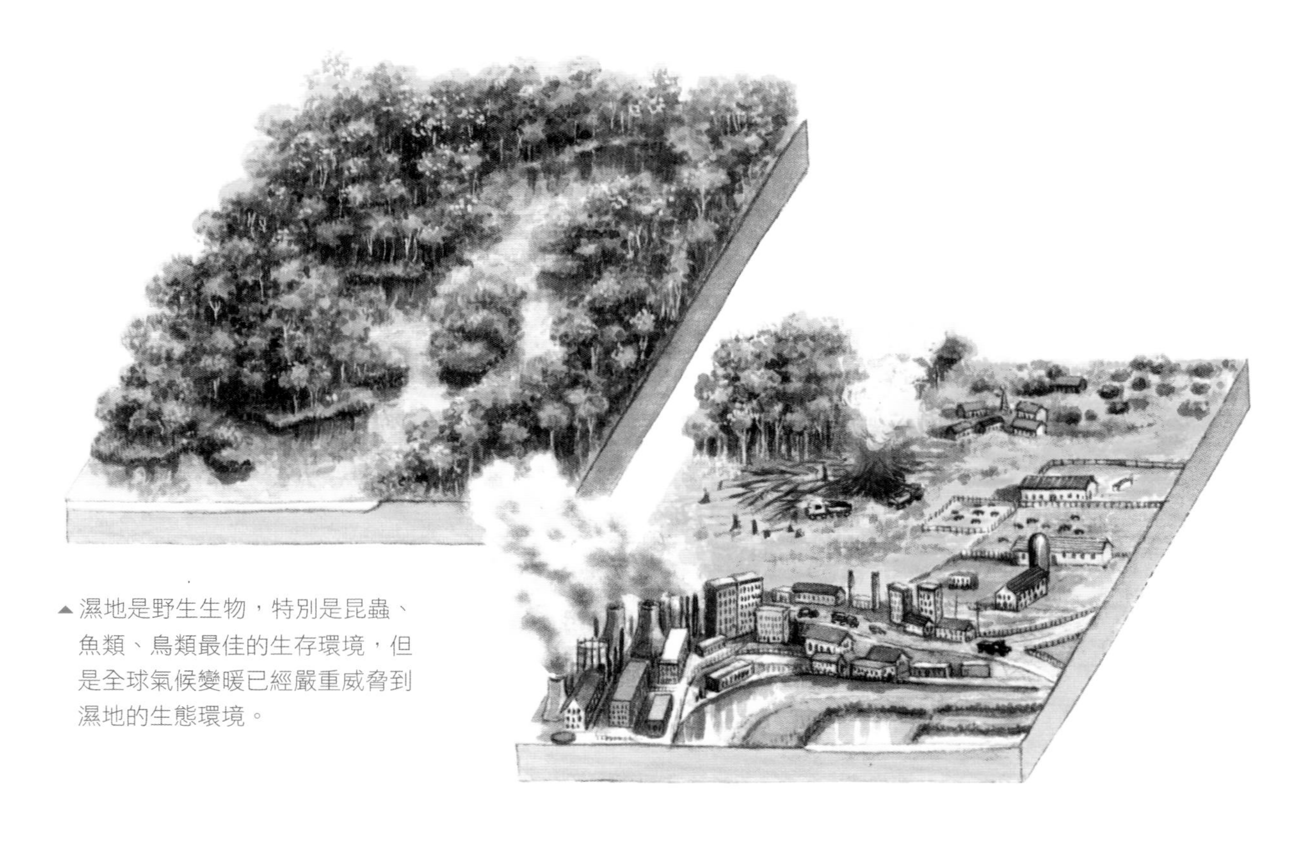

▲濕地是野生生物，特別是昆蟲、魚類、鳥類最佳的生存環境，但是全球氣候變暖已經嚴重威脅到濕地的生態環境。

碳既能吸收熱量，又阻止了地球散熱，地球熱交換因此失去了平衡，導致全球氣溫不斷升高。

一個權威性的政府組織IPCC對全球氣候變暖的問題進行大規模詳盡的研究，他們明確指出了大氣中二氧化碳含量的增加是全球變暖的主要原因。IPCC的科學家們利用電腦收集大量的技術發展預測、人口增長預測、經濟增長預測等相關資料，再根據對未來一百年裡排放到大氣中的二氧化碳量的三十五種估計值，做出七種不同模型預測全球氣候，得到氣溫在未來一百年可能增加1.4～5.8℃的結論。如果這種預測變成現實，地球將會發生一場大災難。農業將遭到毀滅性打擊；海平面將上升，淹沒更多陸地，並導致淡水危機；各種自然災害將輪番發生，生態平衡將遭到破壞。

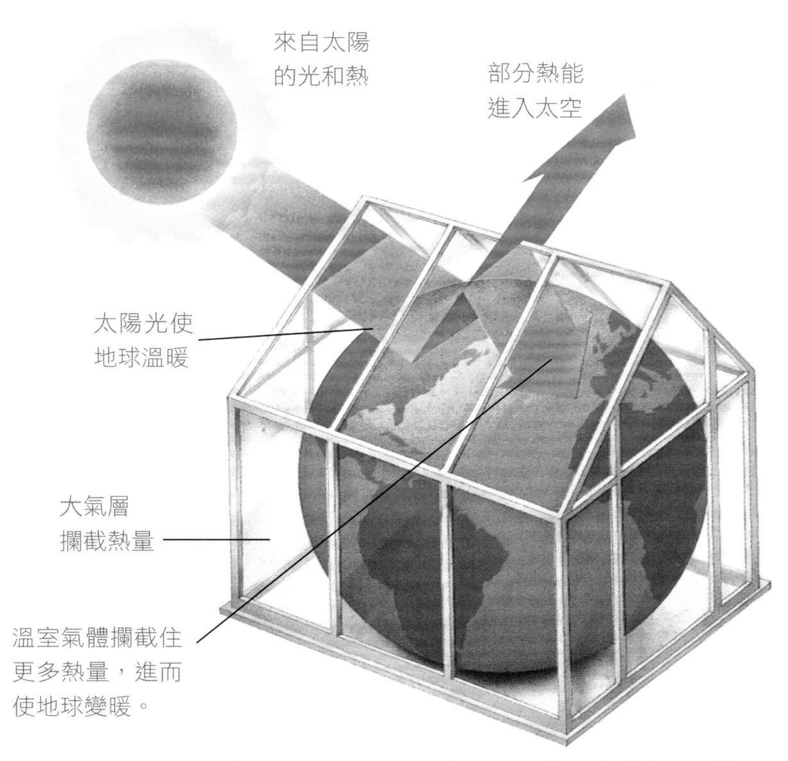

▲大氣中的二氧化碳或其他氣體所起的作用像溫室的玻璃一樣，它允許太陽光照射進來，卻把熱量擋住，不讓太陽光以輻射的形式進入大氣層。

據英國《觀察家報》西元2004年1月11日報導，由多國科學家組成的國際研究小組在最新一期英國《自然》雜誌上發表研究報告宣稱，全球變暖將導致世界上四分之一的陸地動植物邁向死亡、即一百多萬個物種將在未來五十年之內滅絕，這必將對人類的生存造成災難性的影響。為此，英國多位著名氣候專家在劍橋大學召開會議，商討防止地球繼續變暖的辦法。

儘管「溫室效應」論十分盛行，但也有不同的聲音。不少科學家認為目前地球正朝低溫濕潤化方向發展。他們認為，儘管二十世紀的氣溫整體上呈上升趨勢，但二氧化碳濃度變化與氣溫曲線變化並非完全一致，二十世紀的40～80年代，有過降溫的過程。這種看法也不無道理，他們從兩個方面提出證據支持自己的觀點。

首先，他們認為，氣候變化受地球自身反饋機制的影響。一方面，由於大氣與海水間存在著熱交換，氣溫升高時，熱交換增強，海水吸收熱量升溫後，對二氧化碳的溶解度也會增加。不僅如此，氣溫的升高還會增加地球上的生物總量，寒冷地帶由於變熱，生長在那裡的植物生長期變長，植物帶也在高溫的作用下移向高緯度的地方，二氧化碳被森林吸收後，要經過更長的時間才能回到大氣層。另一方面，由於空氣極度濕潤，植物殘體在這種情況下不能充分分解，以泥炭的形式儲存到地殼，這正是碳元素從生物圈到地圈的轉化過程。

其次，氣溫上升過程中產生的水蒸氣也具有一定程度的舒緩作用。氣溫升高導致蒸發加劇，大氣含水量增加，形成雲層，大量的太陽輻射會被這些雲反射、散射掉，從而舒緩氣溫的上升。

氣象系統是十分複雜的，無論地球變暖是否因為「溫室效應」，我們都應該加以關注。相信總有一天我們會弄明白地球變暖的來龍去脈。

聖嬰現象——撒旦的詛咒

近幾年，每當人們討論氣候和自然災害的時候，往往會提到這樣一個名詞：厄爾尼諾（聖嬰現象），在各種媒體上，它出現的頻率也非常高。不管人們究竟懂不懂它的含意，在人們眼中，厄爾尼諾顯然已成了「災星」的代名詞。

厄爾尼諾是南美洲祕魯漁民最早對影響當地魚流的近海暖洋流的通俗稱呼，在西班牙語中是「聖嬰」（上帝之子）的意思，指的是耶誕節前後發生在南美洲的祕魯和厄爾尼諾附近，即赤道太平洋東部和中部的海水大範圍持續異常偏暖現象。厄爾尼諾現象不僅引起當地氣候反常，擾亂祕魯漁民的正常漁業生產，而且在厄爾尼諾現象強烈的年分，還會給全球氣候帶來重大影響。主要表現在：從北半球到南半球，從非洲到拉丁美洲，氣候變得異常，該涼爽的地方驕陽似火，溫暖如春的季節突然下起大雪，雨季到來卻遲遲滴雨不落，正值旱季卻洪水氾濫……。據記載，從西元1950年以來，世界上共發生十三次厄爾尼諾現象，其中發生在西元1997年並且持續至今的一次最為嚴重。

現在，對厄爾尼諾已有了一個基本一致的定義，用一句話來說：厄爾尼諾是熱帶大氣和海洋相互作用的產物，它原是指赤道海面的一種異常增溫，現在其定義為在全球範圍內，海氣相互作用下造成的氣候異常。它表示一系列的海－氣反常現象，主要有以下幾方面：一、東太平洋赤道以南海域冷水區的消失；二、太平洋赤道地區東南信風的消失；三、西太平洋赤道地區的熱水向東部擴散；四、由上述三種現象引起的一系列氣候反常。據專家統計，厄爾尼諾大約每隔二到七年出現一次，但沒有一定的週期性，每次發

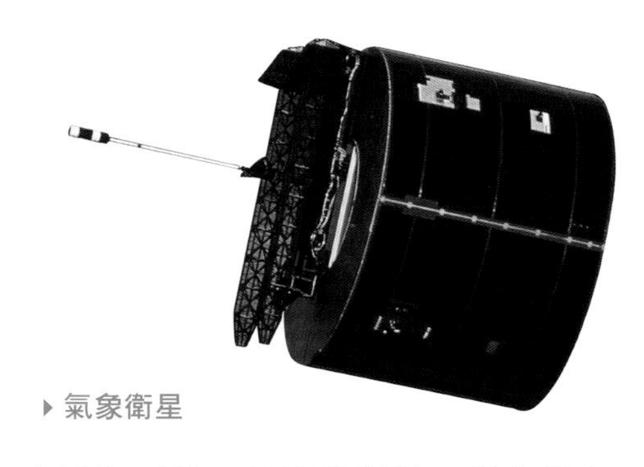

▸氣象衛星

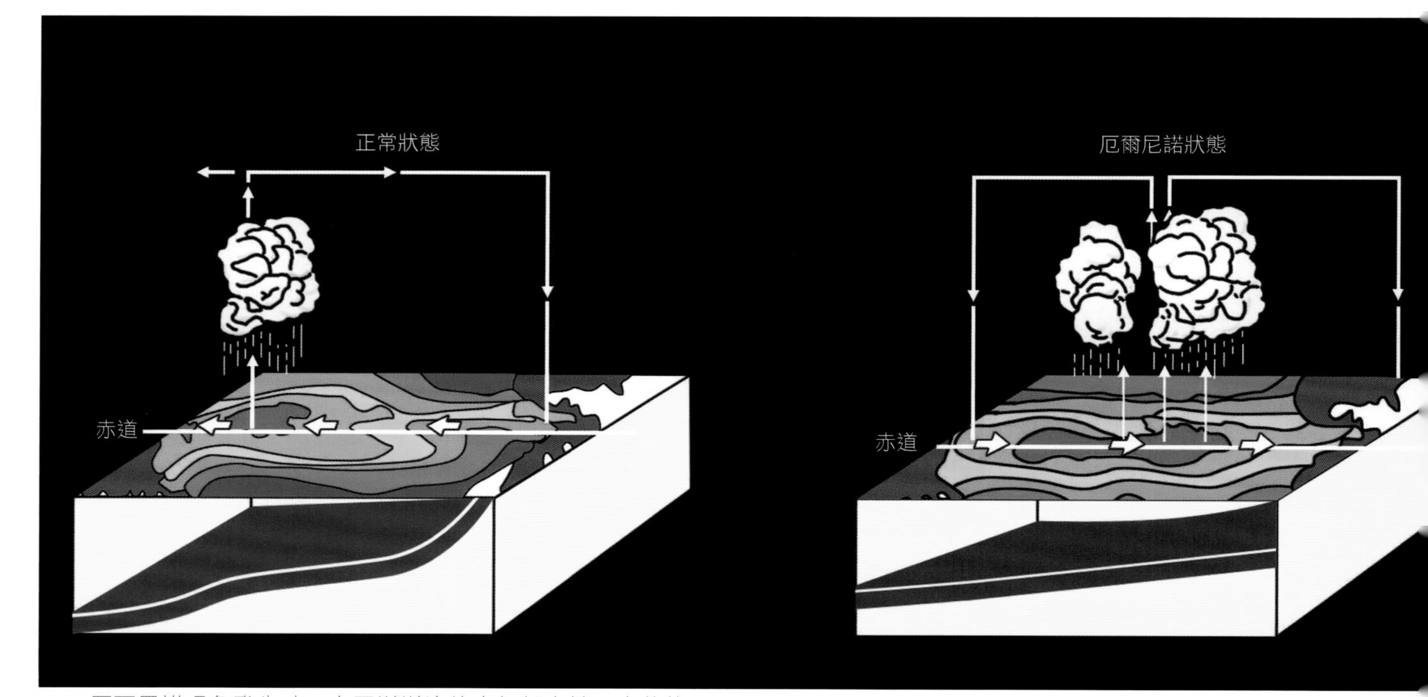

▲厄爾尼諾現象發生時，太平洋洋流的大氣都處於反常狀態。

生的強度不盡相同（即表層海溫的異常程度不同），持續時間也有差別，短的半年，長的則持續一年以上。

但迄今為止，科學家們尚未弄清楚厄爾尼諾現象發生的原因。

目前有一種觀點較為盛行，那就是大氣因數論。這種觀點認為，赤道太平洋受信風影響，形成了海溫和水位西高東低的形勢。與此同時，在赤道太平洋西側的上升氣流和東側的下沉氣流的影響下，信風會加強；一旦信風減弱，太平洋西側的海水就會回流東方，因此赤道東段和中段太平洋的海溫會異常升高，於是導致厄爾尼諾現象的發生。

氣象學家已證實，厄爾尼諾確實會引發世界上一些地區氣候異常及氣象災害，如乾旱、洪澇、沙塵暴、森林大火等。因為海洋在厄爾尼諾的影響下，表面溫度上升3～6℃，導致地球大氣的正常環流受到干擾。結果全球氣候都因此變得異常，自然災害迭起，並最終影響地球陸地生態系統。

隨著科技的發展和科學家經驗的積累，在過去數十年中，對厄爾尼諾的研究工作已取得較大進展。

西元1997年9月，科學家們利用氣象監測衛星收集到了大量資料，並據此得到一張圖片。他們發現有一塊水域，其水面要高出正常情況33公分，這是因為肆虐的貿易風推動了溫暖的熱帶海水。它代表的意義為一次劇烈的厄爾尼諾現象正在進行中。果然，在隨後的幾個月中，該水域對氣候的影響就如預測那樣逐漸顯露出來，全球各地幾乎無一倖免。

今天，天文觀測方法和電腦技術愈來愈先進，厄爾尼諾現象也已愈來愈被人們所瞭解，但依然有很多未解之謎需要我們繼續探索。

▲厄爾尼諾現象引起的洪澇災害，令印尼許多居民無家可歸。

炫麗惑人的海市蜃樓

十九世紀時，歐洲的許多探險隊進入非洲撒哈拉大沙漠進行探險。探險隊進入沙漠後，所攜帶的飲用水一天比一天少。有一天，他們忽然發現在前方不遠的地方有一個很大的湖泊，湖水在刺眼的烈日照耀下波光粼粼，湖邊還映著大樹的倒影。探險隊員看到這一幅景象，喜出望外，歡呼雀躍地拿著水桶興奮地向湖邊跑去。但跑了很久，卻未能靠近那片湖泊。

英國探險家李文斯敦在非洲喀拉哈里沙漠旅行時也曾被這種現象欺騙過。當時，他正在沙漠中行走，忽然發現前面出現一個湖泊，乾渴難忍的他於是朝湖的方向奔去，結果可想而知，他根本無法接近那片湖泊。

二十世紀80年代人們在敘利亞沙漠地區還見過更奇怪的景觀。當時雨季剛過，夏季即將來臨。火紅的太陽還懸在天空中，烏雲飄過後，天空灑下一陣急雨。這時在天際突然出現一道彩虹，與虹影相輝映的是，在它下面隱現出一座市鎮，藍色的湖水、綠色的樹木、白色的房屋。這些奇景是怎麼回事呢？

古代人將這些奇異的現象稱為「海市蜃樓」。傳說蜃是一種會吐出一股股氣柱的蛟龍，它吐出的氣柱彷彿海上「城市」中的幢幢樓臺亭閣，遠遠看去，若有似無。

其實，海市蜃樓是光在密度分布不均勻的空氣中傳播時發生全反射而產生的。在沙漠中，由於強烈的太陽光照射在沙地上，接近地面的空氣被迅速加熱，因此其密度比上層空氣的密度小，折射率也就小。從遠處物體射向地面的光線，進入折射率小的熱空氣層時被折射，入射角逐漸增大，也可能發生全反射，人們逆著反射光線看去，就會看到遠處物體的倒影，彷彿是從水面反射出來一樣。沙漠中的行者就常常被這種景象所迷惑。

在海面上也會出現這樣的奇景。夏季，海面的上層空氣在陽光的強烈照射下，空氣密度小，而貼近海面的空氣受較冷的海水影響變得較冷，空氣密度大，就出現下層空氣涼而密、上層空氣暖而稀的差異。從兩層密度懸殊的空氣穿越而過的光線由於短距離內溫度相差7～8℃時，在平直的海面上或海岸，就會出現風景、島嶼、人群和帆船等平時難得一見的奇景。這是為什麼呢？

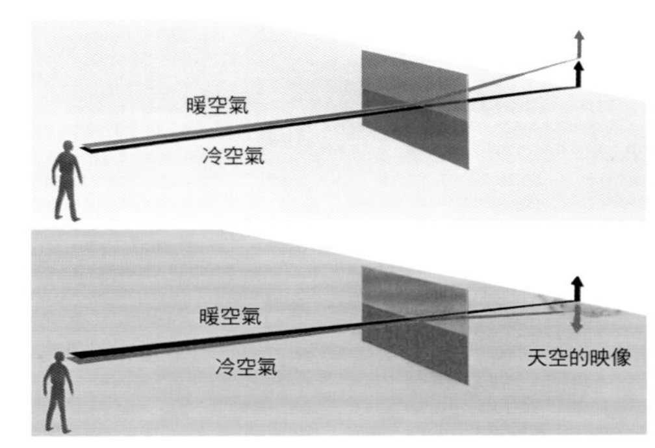

▲暖空氣層在上，冷空氣層在下時，蜃景出現在真實物體上方（藍）；如果冷、暖空氣層位置交換，倒像出現在下方，天空的反光看上去像水。

▲在戈壁沙漠出現的海市蜃樓景象
畫面上方像是一個大湖，事實上「湖水」只是天空的影像。

其實，島嶼等雖然位於地平線下，但島嶼等反射出來的光線會由密度大的空氣層射向密度小的空氣層時發生全反射，又折回到下層密度大的空氣層中來。上層密度小的空氣層會使遠處的物體形象經過折射後投進人們的眼中，而人的視覺總是感到物像是來自直線方向的，進而出現「海市蜃樓」的奇景。

蜃景與地理位置、地球物理條件以及那些地方在特定時間的氣象特點有密切聯繫，不僅能在海上、沙漠中產生，柏油馬路上偶爾也會看到。柏油馬路因路面顏色深，夏天在灼熱陽光下吸收能力強，同樣會在路面上空形成上層的空氣冷、密度大，而下層空氣熱、密度小的分布特徵，所以也會形成蜃景。

西元1798年，拿破崙率領大軍攻打埃及，軍隊在沙漠中行進時，茫茫沙漠中突然出現一個大湖，頃刻間又消失了。不久又出現一片棕櫚樹林，轉眼間又變成荒草的葉子。士兵們被弄糊塗了，以為世界末日來臨，紛紛跪下祈求上帝來拯救自己。

第一次世界大戰時，在一次會戰中，德軍潛艇已達美國東海岸之外，從潛望鏡內向海上窺探的艇長卻驚訝地發現紐約市就在自己頭上，他以為自己指揮的潛艇跑錯航線，進入美國海域，甚至立刻下令撤退。

就因為人們長久以來對於這種奇異的景象一直存有疑惑，以致鬧出了不少笑話。

◀在這個海市蜃樓裡，下層的山是真實的，上層的是幻覺。寒冷空氣形成的海市蜃樓都是正像，出現在物體上方；沙漠裡的海市蜃樓都是倒像，出現在物體下方。

間歇泉為何規律地噴發？

▲黃石公園處於一個巨大的火山口裡，大約六十萬年前有一次火山噴發。之後，儘管火山沒再噴發，但仍在繼續活動，許多間歇泉就是從原本火山口中的一些裂隙和破碎帶的基礎上發育起來的。

河流湖泊，只不過是陸地上水源的一小部分，其餘大部分都隱藏在地底的天然水庫中。地下水有時用不著掘井也能看得到，例如從地下湧出大量沸水的間歇泉。

間歇泉的形成需具備以下條件：首先，地表岩層下要有能把岩層底部燒熱的熔岩（火山岩漿）。其次，岩層中要有直通地面的通道，且通道四壁要堅實，能承受得住噴泉的噴發力。最後，還要有地下水源，當遇上燒燙的熔岩後，被迫向上噴出。地下間歇泉的水因通道狹窄而無法上下對流，底部的水很快便燒沸，而上面的水還是很冷。下面的水受到上面的水柱壓力，導致沸點提高。通道末端的地下水愈來愈熱，水溫遠遠高出正常的沸點。上面的冷水因得到底部沸水蒸發出來的水氣加熱而膨脹起來，湧出泉口。泉水排出後，底部水所受的壓力突然下降，過熱的沸水便化為蒸氣。沸水突然從液體變成氣體產生了巨大的爆發力，這股力量將水和水氣一起噴出泉外。

間歇泉主要分布於岩塊可以上下左右移動的斷層或裂縫上。世界上比較壯觀的間歇泉散見於冰島、紐西蘭和美國懷俄明州的黃石公園，其中以黃石公園為最。黃石國家公園占地面積8,990平方公里，坐落於美國西部的蒙大拿、懷俄明、愛德華三州交界處。公園以間歇噴泉、溫泉、礦泉沉澱物及火山氣體而聞名於世。

黃石公園在西元1872年由美國國會通過，成為世界第一座國家公園，有「世界瑰寶」之稱，是美國設立最早、規模最大的國家公園，也是世界最大的自然保護區——「生物圈保護區」之一，同時兼具生物學研究價值和環境教育價值。西元1978年，黃石國家公園被聯合國教科文組織作為自然遺產列入《世界遺產名錄》。

公園內有多處勝景，如湖光、山色、噴泉、峽谷、瀑布等，其中最獨特的風貌是被稱為世界奇觀的間歇噴泉。全園有間歇噴泉三百處，全世界一半以上的間歇噴泉都集中在這裡。比較奇特的是由四個噴泉組成的「獅群噴泉」，噴泉出現水柱前，先會有蒸氣噴出，同時發出像獅吼的聲音，接著才有水柱射向高空。另外，還有「藍寶石噴泉」，因為水色碧藍而得名；「城堡泉」因外形像城堡而得名；每隔五十多分鐘噴發一次的「老忠實噴泉」，每次可以持續噴發四、五分鐘，噴出的水柱可達四十多公尺高。

老忠實噴泉是黃石公園裡最有名的噴泉，位於一個高約12英尺的圓丘中央，這個圓丘由間歇泉本身噴出的礦物堆積而成。從前老忠實噴泉是每六十到六十五分鐘噴發一次，現在的規律已大不如前，有時隔九十分鐘，有時則隔三十分鐘噴發一次。每次噴水前通常都先會有一陣短促的噴發，然後慢慢升起一根美麗的水柱。起初水柱上湧得很慢，過一會兒才向上猛噴，在115～150英尺之間上下跳動。

老忠實噴泉的噴發雖然不像鐘錶般準確，但已算是很難得了。因為只要滲入地下的水量或地下岩層的溫度略有變動，都會影響到噴泉噴水，甚至可能導致它不再噴水。相較起來，其他間歇泉噴水多半都不算有規律，有時幾分鐘噴一次，有時幾年才噴一次。

黃石公園還有許多不能噴發的間歇泉，有些是冒蒸氣的水池，有些是經常冒泡的溫泉。其成因通常在於地下通道的形狀，沸水在沒有累積到足以爆發的膨脹力之前，就排到別處去了。不能噴發的溫泉之中，以硫磺泉最引人注意。硫磺泉大多數只排出少量泉水，但泉口的邊緣卻堆積出一層厚厚的鮮黃色的硫磺。

一項最新的研究發現，地震也會影響到間歇泉的噴發。西元1959年8月美國蒙大拿州地震前數月，老忠實噴泉噴發的相隔時間比平常縮短數分鐘。地震後不久，又比正常延長幾分鐘噴一次。據推測，地殼的壓力把間歇泉的斷層弄歪，阻礙了地下通道中蒸氣和沸水的正常流通，不過科學家們對整個自然作用過程還未能確切瞭解。

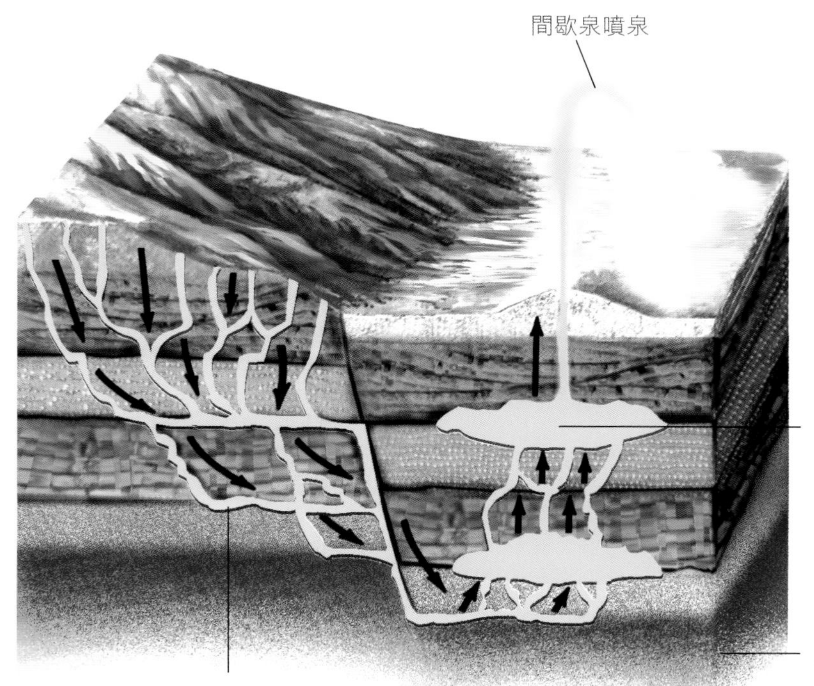

▸間歇泉噴發示意圖

間歇泉與溫泉不同，溫泉不僅水溫高，而且含硫量少；間歇泉水溫一般較低，且含大量硫和碳酸氣。

南極冰層下藏有什麼秘密？

地球上最冷的地方非南極莫屬了，這裡的平均氣溫為-79℃。地球上有記錄的最低溫度就是在這裡產生，前蘇聯科學考察隊員曾測到一個令人吃驚的低溫：-88.3℃！

如此低的氣溫是南極終年為冰雪所覆蓋的主要原因。南極大陸總面積約為14,000,000平方公里，裸露山岩的地方還不到整個南極大陸的7%，其餘超過93%的地方全都覆蓋厚厚的冰雪。從高空俯瞰，南極大陸是一個高原，它中央隆起，向四周逐漸傾斜，巨大而深厚的冰層就像一個銀鑄的大鍋蓋，將南極罩得嚴嚴實實。因此，南極大陸上的冰層又被人們稱為冰蓋。南極冰蓋最厚的地方甚至達到了4,800公尺，平均厚度也有2,000公尺。當南極處於冬季時，海洋中的海水全部都凍成了海冰，大陸冰蓋與海冰連為一體，形成一個巨大的白色水原，面積超過非洲大陸，達3,300平方公里。

由於南極大陸的真面目被嚴嚴實實地掩藏在冰蓋之下，人類想要瞭解它就更加困難了。但人類的探索欲望是非常強烈的，許多國家都投入了大量的人力和物力組織實施南極科學考察活動，並取得了一些具有重要科學意義的成果。

經過考察，人們發現南極大陸蘊藏著很多寶貴的資源。如西元1973年，美國在羅斯海大陸棚上發現了石油和天然氣。據說南極石油儲量十分驚人，僅南極大陸西半部所蘊藏的石油就可能是目前世界年產量的二到三倍。此外，人們還陸續在這裡發現了約二百餘種礦物，包括金、銅、鉑、鉛、鎳、鉬、錳……等金屬和鈷、鈾等放射性礦物。

科學家們認為，既然南極有如此豐富的資源，那麼南極大陸在地球早

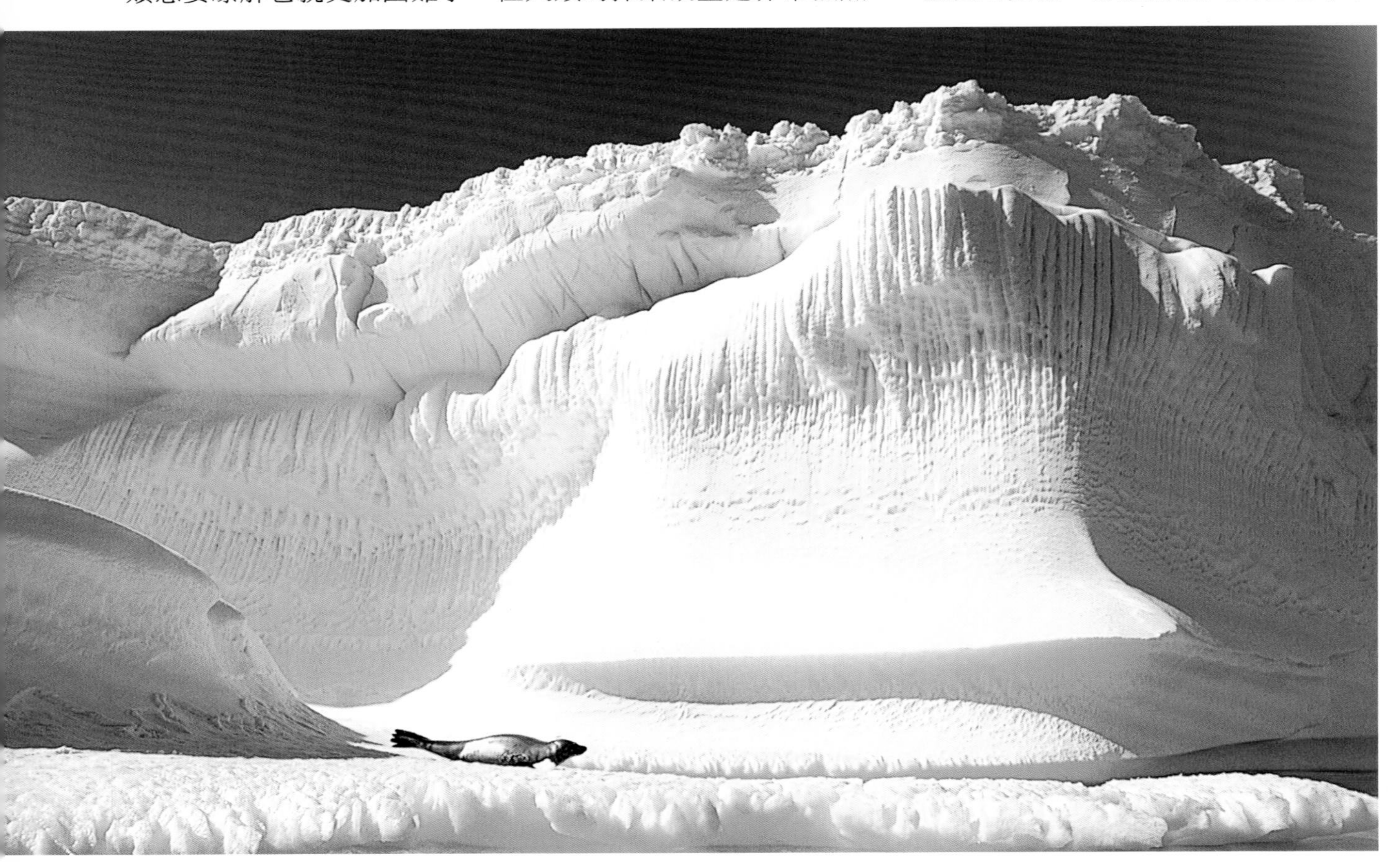

期肯定不會是如此寒冷，那時的氣候肯定非常溫暖。對於此種推測，科學家們是這樣解釋的：在一億年前，地球上存在著一塊更大的陸地——岡瓦納大陸，這塊大陸包括現在的南極洲等許多地方。當時氣候溫暖，成片茂密的熱帶雨林隨處可見。後來，海底擴張，大陸漂移，一部分大陸變成了今日的非洲、南美洲、澳洲、塔斯馬尼亞島、印度次大陸和馬達加斯加島；而另一部分則繼續向南漂移，成為現在的南極大陸。

人們發現，在南極冰層中還隱藏著無數的祕密，各國的科學家們每次到南極考察都有不少的收穫。他們曾在冰層裡發現了來自宇宙的類似於宇宙塵埃的太空物質、實驗原子彈時的人工反射性降落物、隕石以及各個時期人類留下的垃圾等。為了弄清楚這些物質的分布狀態，人們對冰層的各部分進行垂直取樣。透過分析，發現了許多極具研究價值的資訊，為人類研究地球和宇宙的關係，以及近年來地球的污染程度提供了科學依據。此外，科學家們還可以藉由分析冰層中所含的氣體成分，瞭解地球古代和現代空氣的成分及其變化等情況。

我們常常可以看到媒體對科學家赴南極考察的報導會用到這麼一個詞——「鑽取冰核」。為什麼要在南極冰原上鑽取冰核呢？原來，各個「冰期」以及火山噴發、風雨變化都會在冰原中留下痕跡。科學家認為，如果能充分地瞭解這些資訊，那麼人類就可以預測以後的命運了。南極冰蓋是在低溫環境下經過千萬年的日積月累形成的，因此，人們在這裡可以發現大量的地球演變資訊，這裡就像是一個珍貴的地球檔案館，成為各國科學家嚮往的「天然研究室」。他們透過對從南極冰蓋2,083公尺深處取出的冰芯進行分析，得出了其中的氧同位素、二氧化碳、塵埃以及微量元素等資訊，揭示了最近十六萬年中地球氣候變化的情況。

更為神奇的是，科學家在冰層中居然找到了細菌的影蹤。美國科學家宣布，他們在南極腹地很深的冰層下找到了細菌生存和繁衍的證據。這種類似於放線菌的菌種是在南極福斯多克湖上面的冰層裡被發現的，這裡也是前蘇聯科考人員測量到地球上最低氣溫的地方。科學家認為，這種細菌通常生活在土壤裡，可能是隨著小塊土壤被

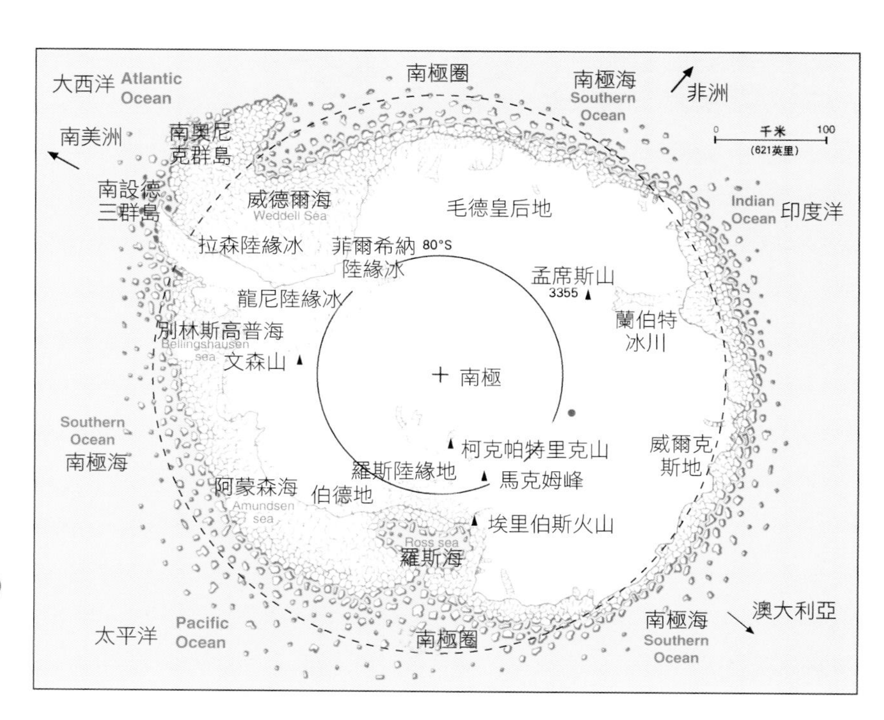

▶ 南極地形示意圖

沒有冰雪覆蓋的土地

冰川

冰帽（在格陵蘭可厚達3,500公尺）

終年冰封的海

年中有時冰封的海

颳到湖泊裡並被埋在了那裡，或者它們原本就長在湖裡，後來被冰凍結在那裡，永遠也出不來了。據介紹，這些細菌可能已在湖裡待了五十萬年以上了。

冰雪的覆蓋對人類瞭解南極造成了很大的困難，那麼，如果冰減少或消失是否就會改變這種情況呢？如果真的發生了這種情況，那對人類來說將是一場巨大災難。根據科學家的計算，如果南極冰蓋完全融化，海平面將平均升高50～60公尺。如此一來，地球上許多沿海的低海拔地區將會成為一片水鄉澤國。

▲ 冰雪溶解後的南極想像圖

近年來，全球暖化的問題引起人們的關注。人們對此進行了各方面的探討，南極——地球的冰庫自然也在人們的考慮範圍之內。人們開始擔心南極冰層是否會因大氣變暖而融化消失。科學研究顯示，現在南極大陸與二萬年前的冰川活動極大期相比，西部的冰層減少了約三分之二，全球海平面因此升高了11公尺；而在南極大陸的東部冰層厚度則沒有多大變化，既沒增多，也沒減少。

儘管導致冰層減少的因素很多，但有一個重要因素幾乎已經為全世界所公認，那就是全球暖化。在整個二十世紀，地球的平均氣溫上升了0.6～1.2℃。南極大部分地區的溫度升高得更快，變暖情況更為嚴重。其中，溫度升高最快的是與南美洲毗鄰的南極半島。這片向南美洲方向延伸、長度超過1,500公里

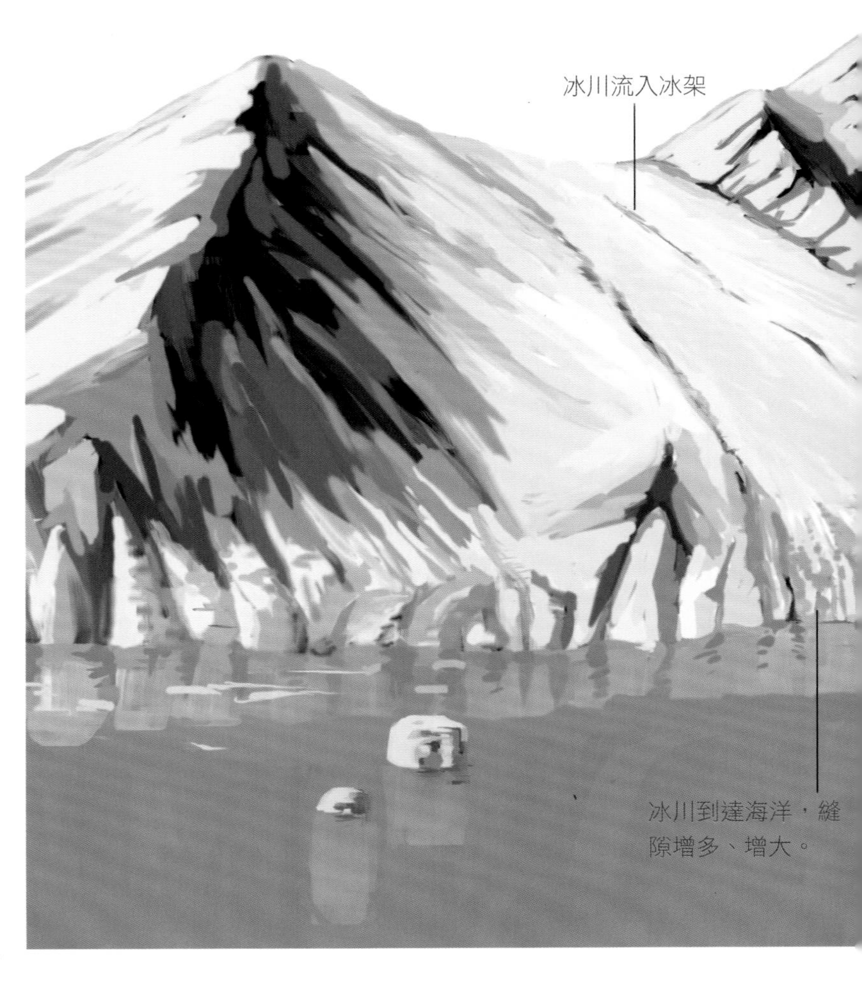

的狹長陸地，氣溫竟然上升了約10℃，是地球平均水平的十倍！

南極變暖的情況在過去的五十年裡尤為嚴重，南極半島上至少有七個大冰架已消失了，其中包括一個存在了二千多年的冰架。對此，一些科學家發出了嚴正警告：南極洲一些地區的冰層正在飛快地消失，人類過度的工業活動違背了自然規律，導致地球氣候變暖的情況越來越嚴重，這樣下去後果將不堪設想。

▲南極考察中最便利的交通工具——電動雪橇

目前，全世界的海平面每年都以2毫米的速度上升，各國科學家紛紛對此進行了研究。美國哥倫比亞大學拉蒙特多爾蒂地球觀測站的斯坦·雅各認為，導致海平面上升的一個重要原因就是南極冰層的融化。如果真像這些科學家所推斷的那樣，是因為氣候變暖造成了海平面的大幅度上升，那麼，南極西部冰原終將受此影響而坍塌。

▼南極冰山形成示意圖

南極大陸的冰原，大體呈一盾形，中部高四周低。在重力作用下，每年有大量的冰滑入海中，在周圍的海面上集結成廣闊的陸緣冰。這些冰山隨風和洋流向北飄移，在寒冷的季節甚至可飄到南緯40°。

美國地球物理學家羅伯特·賓德斯查德勒多年來一直在研究冰川。據他猜測，南極西部冰原數千年來一直處於坍塌的過程中。同時他還承認，南極西部冰原的坍塌並非雜亂無章，而是呈有序性；並且他還預測，西部冰原會在一兩千年後完全坍塌。

冰原坍塌的過程早已開始的觀點也得到很多研究人員的認同。美國科羅拉多州博爾德國家冰雪研究中心的研究人員泰勒·斯坎姆分析了衛星圖像後說：「我看到一個冰原正在坍塌。」不過，他認為造成冰原坍塌的還有許多未知因素，各種變化只有經歷數千年的時間才會顯現出來。以上各種論斷孰是孰非，目前科學界尚無權威定論。

隕石坑形成之謎？

每天有多達幾百噸的隕石進入地球的大氣層，但大部分都十分微小，僅幾毫克。一般隕石進入大氣層的速度在每秒10～70公里，略大些的隕石經大氣層磨擦後迅速減速至每小時數百公里，並伴隨著一聲悶響撞擊到地表。其中由於幾百噸重的隕石減速不大，撞擊到地表時造成隕石坑。隕石是宇宙中小天體的珍貴標本，因此，研究隕石為研究太陽系的起源和演化、生命起源提供了寶貴的線索。

美國亞歷桑那州旗杆市附近的巴林傑隕石坑（又稱流星隕石坑）是一顆小行星撞擊地球的極好例證，被撞出的隕石

坑直徑1,200公尺，深200公尺，猛烈的撞擊使坑口周邊隆起，高出周圍沙漠達四十多公尺。它是由約五萬年前一鐵質流星撞擊形成，根據隕石坑的大小推算，這顆流星可能重達900,000噸，直徑100公尺。

大多數流星在通過地球大氣層時，會遇到阻力而燃燒或粉碎。科學家們認為，這顆流星如此之大，運行速度如此之快，以至於它能完整抵達地球。它衝落地面發生爆炸，其能量可能是西元1945年8月毀掉日本廣島市的原子彈的四十倍。

當西元1871年人們發現這個窪地時，都以為它是塌陷的火山口。西元1890年，有人在窪地岩屑中發現了碎鐵。於是，一些科學家開始懷疑那可能是外太空物體撞擊地球所留下的痕跡，而不是火山口。

但最初人們不理解為什麼在巴林傑隕石坑看不到隕石本身。這個龐然大物給人們留下了一個大坑和坑邊幾塊隕石鐵片便沒了蹤影，這是為什麼呢？有人估計隕石就落在坑下幾百公尺的地方，可是誰也沒有去挖出它來加以證實。有些人則以為隕石被埋在地底下。後來科學家們推測，這塊巨石在落地時已裂成碎塊了。

費城一位採礦工程師巴林傑博士深信坑裡埋有富含鐵質的巨大隕石，於是他把那塊土地買了下來，並於西元1906年著手鑽探。經過勘查，他發現坑口東南面的岩層比其他方位的岩層高出30公尺，由此他斷定隕石自北面掉落，以低角度撞擊地面，留在坑口東南緣地下。於是，鑽探工作在東南緣繼續展開。但西元1929年，鑽探工作卻因故被迫停止。

西元1960年，有人在坑裡發現兩種罕見的矽：柯石英和超石英。這兩種物質可以在極大壓力和極高的溫度下製造出來。在坑內找到這兩種物質，足以證明坑口由巨大撞擊力造成。巴林傑的信念獲得證實，為了紀念他，隕石坑現在就以他的姓氏命名。

▾巴林傑隕石坑
是北美最大的隕石坑。據説坑中可以放下二十個足球場，四周的看臺則能容納二百多萬的觀眾。

由於巴林傑隕石坑與月球表面上的環形山非常相似，科學家們利用它來作研究，美國太空人在那裡進行訓練。一些遊客也被獲准前來參觀，他們沿著一條很陡的小道，要花一個小時的時間才可以走到隕石坑底。

地球表面曾一度布滿著隕石撞擊的傷痕，已發現的撞擊隕石超過一百二十個，大部分是二億年以內形成的。科學家認為六千多萬年前落入地球的巨大隕石導致地球上許多動植物的滅絕，那時70%的生物絕種都是由於隕石撞擊地球造成的。估計直徑為10公里的隕星在白堊紀後期擊中了地球，這導致了恐龍的突然滅亡。巨大的隕石還可以造出很深的隕石坑，這個深度足以穿透地殼層，導致大量的火山噴發。如果隕星落入海洋，會導致海嘯、巨大的潮汐……

隕石降落是壯觀的，但其危害也是巨大的。只有真正揭開隕石之謎，才能造福人類。相信未來經過科學家們的努力是可以如願的。

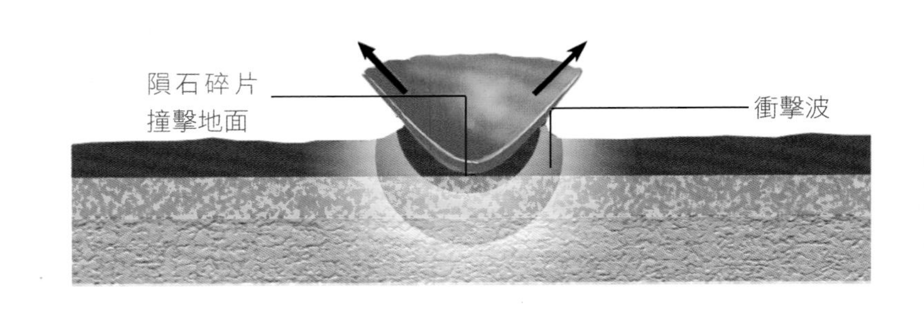

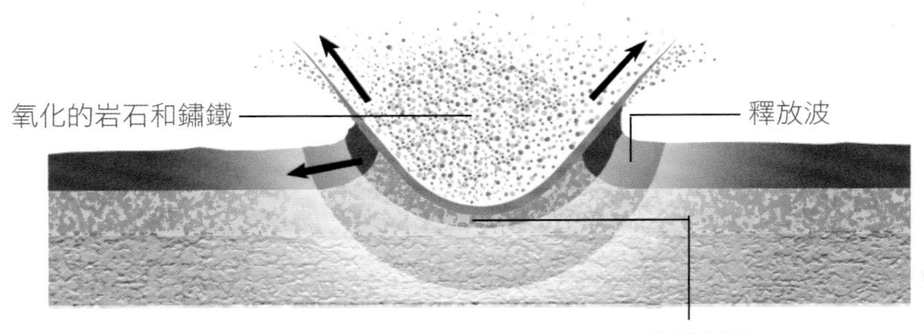

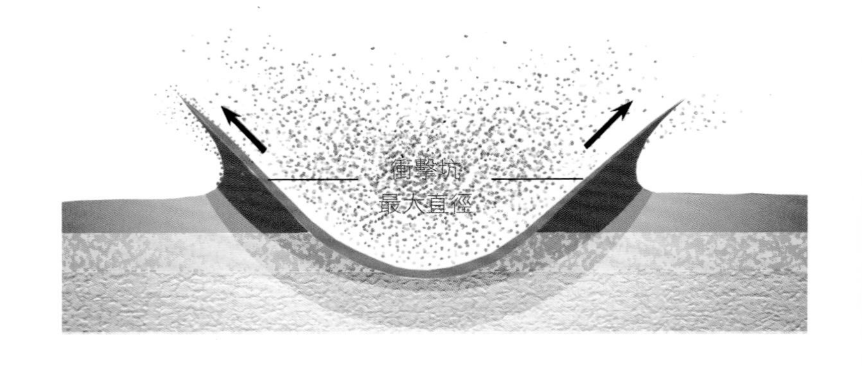

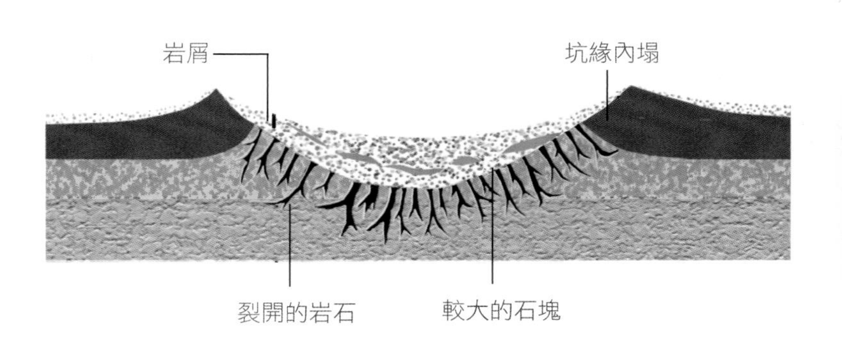

▲隕石坑形成示意圖

隕石從太空墜落、燃燒、爆炸後與地球撞擊，隕石落入地球表面，撞出隕石坑。埋在隕石坑下的隕石多呈不規則錐形，表面的熔蝕坑有明顯的熔蝕溝。

探奇之謎

The Mysteries of Natural Phenomena

海底深溝形成的祕密

長期以來，由於技術水平的限制，人們對大海的深處所知甚少，總以為大海的底部是平坦的，後來人們才發現海洋的底部與大陸一樣，有寬廣的海底「平原」和「高原」，也有縱橫相交的海底山脈，甚至還有深達萬公尺以上的海溝。

海溝被稱作「倒過來的山脈」，是海洋底部最深凹的地方，它是一種地質形態構造。深海溝大多位於大洋的邊緣，是大陸與海洋過渡最外邊的一種地質構造，它具有特殊的形狀（代表大陸、大洋兩種不同地殼的接縫）和極大的深度（約為6,000～10,000公尺），比一般洋底要深3,000～5,000公尺。

近年來，科學家們對海溝地形做了大量勘測，對勘測結果進行分析後他們發現：世界大洋中深度超過7,000公尺的海溝有十九條分布在太平洋，只有四條分布在其他的海洋中。世界最著名的一些海溝，如日本海溝、馬里亞納海溝、菲律賓海溝和湯加海溝……等就位於太平洋西部邊緣島嶼的外側。

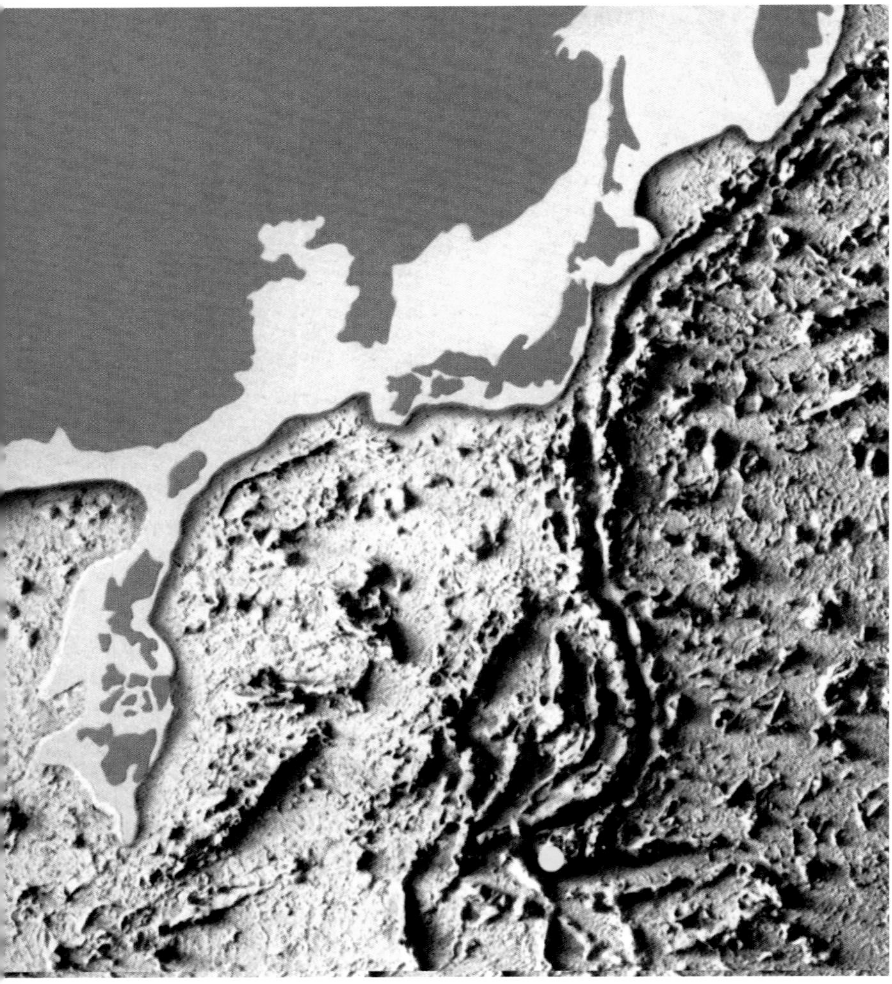

▲的里雅斯德號前到馬里亞納海溝底停下來（圖中黃點處），創下人類潛水最深的紀錄：11,022公尺。

這些海溝的橫截面均呈「V」形，由於鬆散物的堆積，海溝最深處或海溝底部總有一段平坦的地形。可能由於海溝運動緩慢，這種海溝底部又並不是完全水平的，而是稍微向島弧方向傾斜。從阿拉斯加沿岸起有一連串的島弧山脈直達紐西蘭海溝，這些島弧的結構並不單一，大陸一側的內弧多為火山弧，而位於大洋一側的外弧則多為非火山弧。

這些神祕的海溝是怎樣形成的呢？

大量的歷史資料顯示，海溝眾多的太平洋地震帶位於太平洋邊緣地區。西元1876年1月，伴隨著斐濟——克馬德克群島間海溝的8級強震，這裡產生大規模的地面變形、斷裂和崩塌等現象。西元1891年10月，日本橫濱的地面裂開了一條長達160公里的裂縫。西元1899年，阿拉斯加大地震使許多岩塊離開原位置10～15公尺，也使得岸邊森林也陷入海中。

隨著二十世紀60年代地震學的發展，一些人開始從地震原理著手研究海溝形成的原因。地函下面溫度高的部分發生熱膨脹後就會產生熱對流，形成地球內部的物質對流，就像鍋中經過反復加熱的水會發生膨脹，水的體積增加，密度變小變輕，鍋底較熱的部分上升，相反表面上的冷水就會下降。於是，科學家們推測：海溝形成的原理也與此相似。

後來，科學家們據此模擬了海溝的形成過程：大洋中央海嶺頂部異常宏大的地熱流，在張力作用下，與從海嶺下方上升的地函熱對流，為地震提供能量來源，就是這種對流和地函上升的張力，造成了大洋海嶺中央部位的裂谷帶和斷裂帶。到達大洋邊緣部位的地函流與大陸相碰撞，然後就在那裡沉潛。地殼被下降的地函流帶動而產生凹陷，於是在大陸邊緣部位就形成像深海溝那樣的凹地。

但是，讓科學家們感到棘手的是，地函對流說看似簡單，實則不然。至今他們仍不能證實大規模的地函對流的存在；即使存在，也無法證實它能在地殼之下沿著大洋底部橫向流動。科學家們仍在努力探索著，以期早日破解海溝的祕密。

▲的里雅斯德號潛水艇
在潛入馬里亞納海溝前，停在波濤洶湧的太平洋海上作初步實驗。

▼海底特徵示意圖

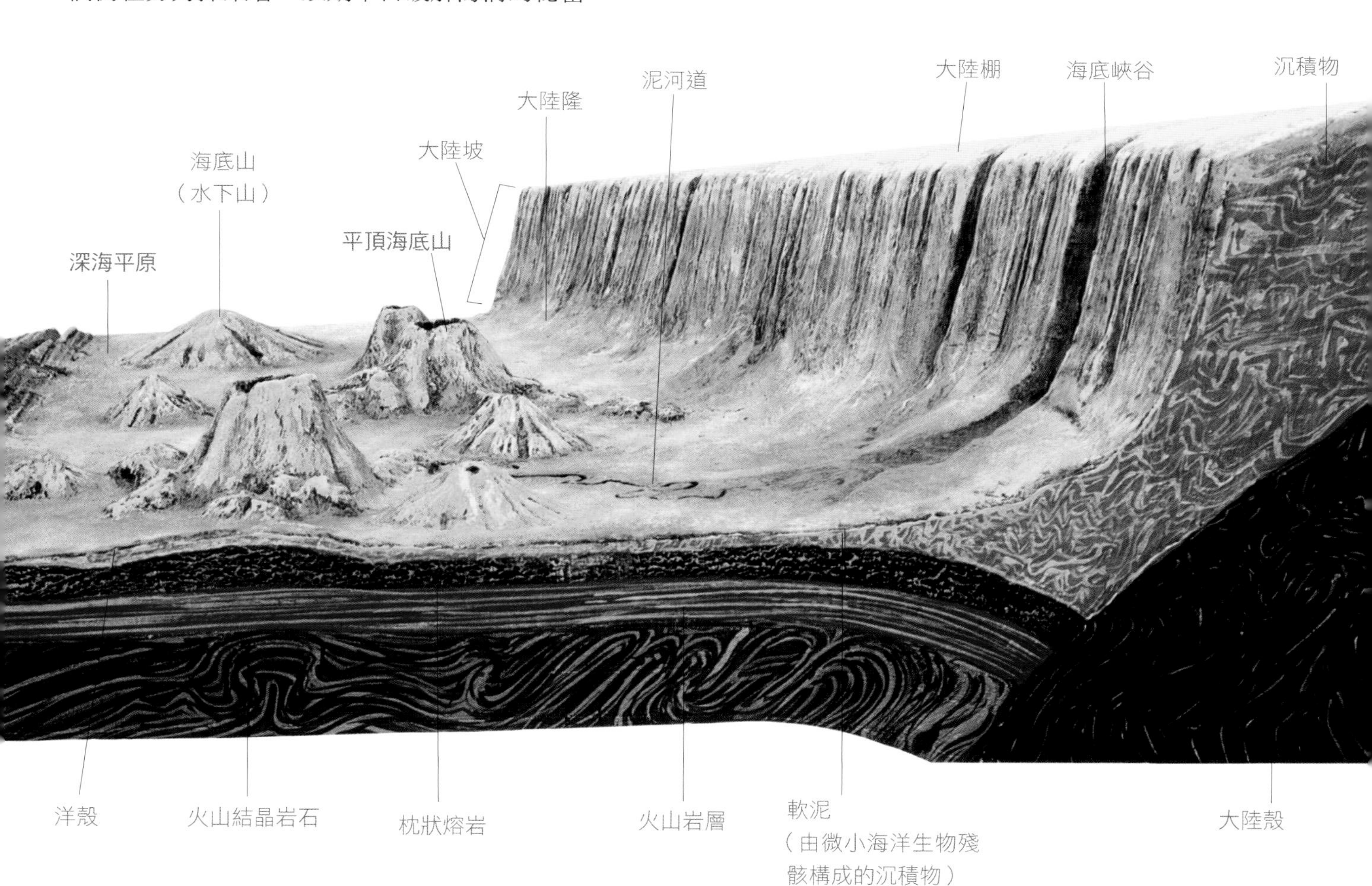

傾聽海洋聲音的風暴預測儀

俗話說，天有不測風雲。人們出海航行作業最擔心的就是遇上風暴，巨大的海浪常常會把船掀翻或擊沉，對人們的生命和財產造成巨大損失。因此，經常出海的人們必須瞭解怎樣掌握海洋中的氣候變化。

四十多年前，國外有一艘考察船在大海中進行科學考察。一天，船上的一位氣象工作者在施放探測氣象的高空氣球時，無意中將氣球貼在臉上，頓時，一陣劇烈的疼痛襲擊了他的耳朵，他不由得喊叫起來。奇怪的是，考察船在當天晚上就遇上了猛烈的風暴。當時，這位氣象工作者只是把這些客觀現象記錄在航海日記中，並沒想到這兩件事情之間是否有某種關聯。

當這艘考察船返航後，科學考察記錄被送交科學研究機構，由另一位科學工作者進行審閱。當他看到氣球事件的記錄後，靈機一動，忽然想到這樣一個問題：氣球振盪與海上風暴是不是有著某種自然聯繫呢？

為了揭開這個謎團，科學家們又做了許多實驗，結果發現只有在惡劣天氣的前夕才會發生氣球振盪的現象。同時，他們還用特殊儀器把每次氣球的振盪全部記錄下來，並做出振盪曲線。經過比較後他們發現，這種振盪和人耳聽不見的聲波振盪極為相似。

科學工作者堅持不懈地進行深入而又廣泛的研究之後，終於從一只氣球入手識破了「海洋的聲音」這個祕密。原來由於風暴所掀起的波浪與空氣磨擦會產生次聲波，次聲波又引起了氣球的振盪。人耳既聽不到次聲波，也聽不到超聲波。在自然界中，打雷、地震、極光、風暴等現象都能產生次聲波。

在上述事件中，氣球收到的次聲波是風暴所發出的。強烈風暴的渦流會導致次聲波和很多頻率的聲波產生，當遙遠的海面上發生風暴時，風暴中心產生強烈的次聲波，並且很快向四周傳播。次聲波在空氣中的傳播速度達到了每秒340公尺，遠遠超過了風暴本身的移動速度。所以，每當風暴來臨時，次聲波一定會先行，為它奏響「前奏曲」。

在大自然中，有許多動物都能「聽」到風暴的「前奏曲」。生活在沿海的漁民透過長期的觀察積累知道，如果海鷗和其他鳥類一早就飛出，深入海洋，那麼傍晚一定沒有強風；若鳥類在弱風中徘徊於岸邊，或飛向近處的海洋，便預示著風力即將加強；當大群的鳥類從海上飛回海岸，魚和水母成批地游向大海，生活在近岸水域裡的小蝦紛紛靠岸，則是風暴來臨的預兆。這些動物都能感受到海洋的次聲波。

▲水母
一種古老的腔腸動物，這種低等動物有預測風暴的本能。每當風暴來臨前，牠就游向大海避難。

在這些動物中，水母對於次聲波有著極強的天然感受能力。在水母的八個觸手上生有許多小球，小球腔內生有沙礫般的聽石，這是水母的「耳朵」。這種奇特的聽覺器官，能聽到人耳聽不到的次聲波。由海浪和空氣磨擦而產生的次聲波衝擊聽石，刺激著周圍的神經感受器，使水母在風暴來臨之前的十幾個小時就能得到資訊。

水母接收次聲波的現象給了人們很大的啟示，根據這個原理，人們成功設計出了「水母耳風暴預測儀」。這種儀器由接受次聲波的喇叭、共振器和把這種振動變為電脈衝的電壓變換器以及指使器等組成，儀器的鐘形收音喇叭就相當於水母的聽石。它被安裝在輪船的甲板上或海岸邊，由一個小電動機提供動力。它就像雷達的天線一樣轉個不停，搜索著次聲波傳來的方向。

當喇叭收到「海洋的聲音」時，在儀器反饋系統的作用下，喇叭立刻停止轉動，隨後諧振器放大次聲振盪，再傳到壓電石英片上，次聲振盪便轉換為電流振盪，經過電子放大器放大，在螢光屏上顯示出來，或由微伏表指示出來。這種儀器對風暴的預測十分有效，能提前十五小時作出預報，這對海上的防風暴工作非常有利。

目前，次聲波接收器還不是很先進，只能發現離海岸不太遠的風暴，距離一遠它就無能為力了。但我們相信隨著科學技術的發展，以及對大自然的進一步探索，不用多久，科學家一定能用更先進的觀測技術預測到海洋上的任何一場風暴。到那時，人們就能夠真正掌握海洋中的氣候變化了。

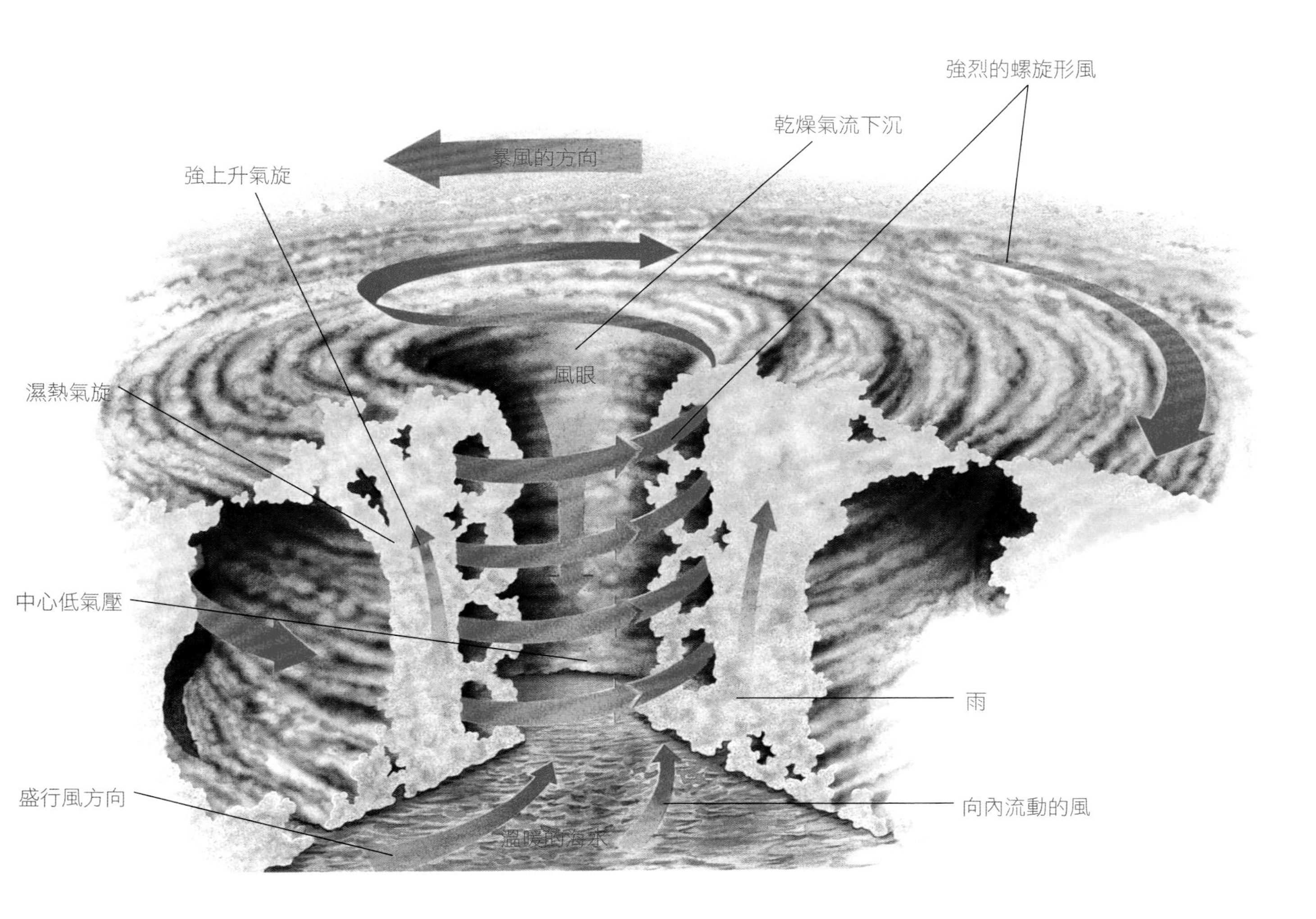

▲ **海面上氣流循環示意圖**

海面上一股濕熱氣流在颶風中上升，乾燥氣流順著風眼下沉，風眼處呈現一派風和日麗的天氣假象。風眼周圍，大片的積雨雲高聳入大氣層，帶來豐沛降水和電壓。

巴哈馬大藍洞之謎

◀ 西元1969年從「阿波羅9號」太空船上拍攝的這張照片，清晰地顯示出繞經安德羅斯島周圍的「藍色大洋之舌」。安德羅斯島及其周圍水域因海洋底部有深邃的洞穴——藍洞而聞名。

或許你見過陸地上的溶洞，但你能想像海底也有溶洞，並且這個洞穴雖然位於水底，但洞中卻生機勃勃。這就是世界上最大的溶洞——巴哈馬大藍洞。

巴哈馬群島位於美國佛羅里達半島外的羅薩尼拉沙洲與海地島之間，整個群島由三十個較大的島、六百多個珊瑚島和二千多個岩礁組成，全長1,200公里，最寬處達六百多公里，其陸地面積約140,000平方公里。

群島中最大的島嶼安德羅斯島面積有四千三百多平方公里，在島的南北之間，有一個世界上最大的海底溶洞——巴哈馬大藍洞。巴哈馬人稱藍洞為沸騰洞或噴水洞，這是因為有洶湧的潮流在洞口出入的緣故。漲潮時，洞口的水開始圍繞著一個旋渦飛速旋動，能把任何東西吸入；退潮時，洞內噴出蘑菇形的水團。一些當地人相信，一種半似鯊魚半似章魚的怪物生活在藍洞內，這種怪物會用長長的觸鬚把食物拖入海底的巢穴內，吐出不需要的殘餘物。人們據此來解釋水流出入這些洞穴時的猛烈運動。

巴哈馬大藍洞整個洞穴都在水面之下，全長800公尺，直通大海。各洞窟彼此都有通道連接，各通道左右穿插，又連著小洞窟，像迷宮一樣。洞中遍布形態各異的鐘乳石和石筍，有的像妖魔鬼怪，有的像飛禽走獸，有的像鮮花樹木。這裡雖然終年得不到陽光照射，卻充滿了生機，洞壁上長滿各種各樣的海綿，洞裡生活著青花魚等水生動物。

那麼，為什麼會在水底形成藍洞呢？

巴哈馬群島原本是一條巨大的石灰岩山脈的一部分，當時地球上遍布冰川，海平面遠遠低於現在的海平面。後來，石灰岩受到酸性雨水的淋蝕而形成許多坑窪，逐漸成為洞穴。之後，地下

▼藍洞中千姿百態的鐘乳石和石筍

▼藍洞的形成

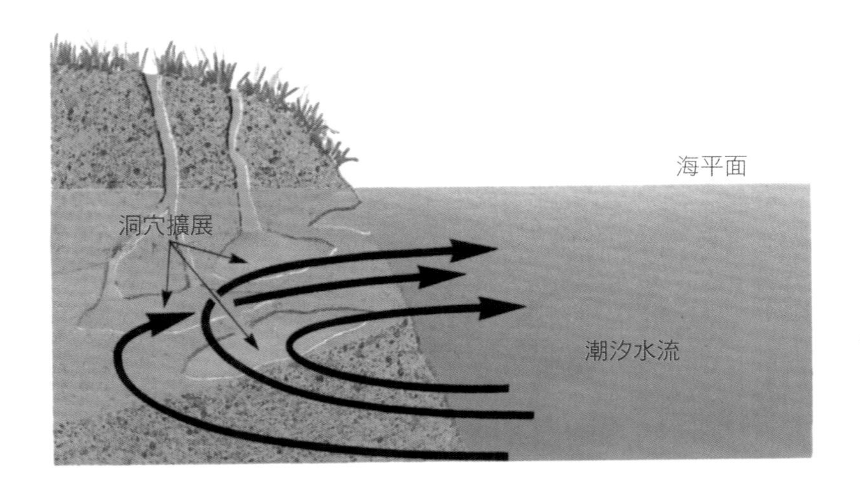

◂ 雨水滲過地表岩石，與海水混合成一種微的水。微鹹的水被潮汐帶走，侵蝕岩石縫。這些裂縫逐漸擴大經過幾百萬年，先為溝槽，然後變成洞穴。

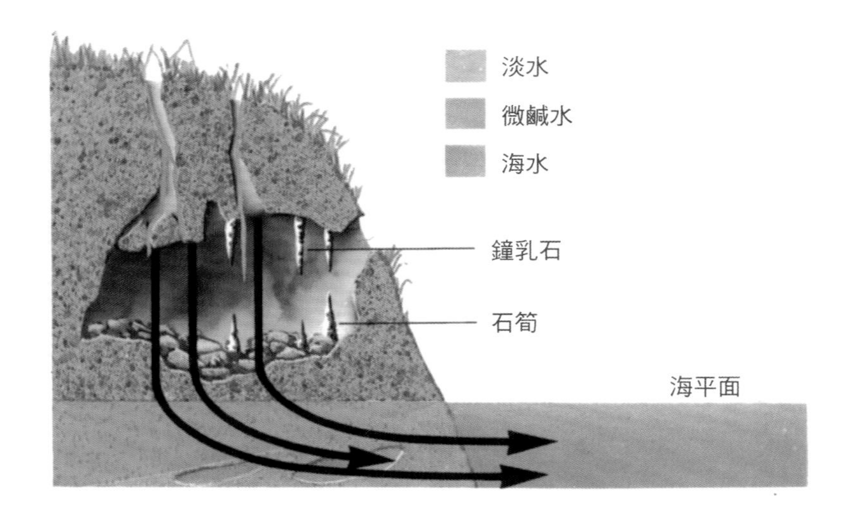

◂ 經過一連串冰期，水凍結在冰蓋和冰川中。海面下降，排乾了水下洞穴裡的水。在許多洞穴中，滴水形成了鐘乳石和石筍，也有些洞穴的洞頂塌陷，形成藍洞。

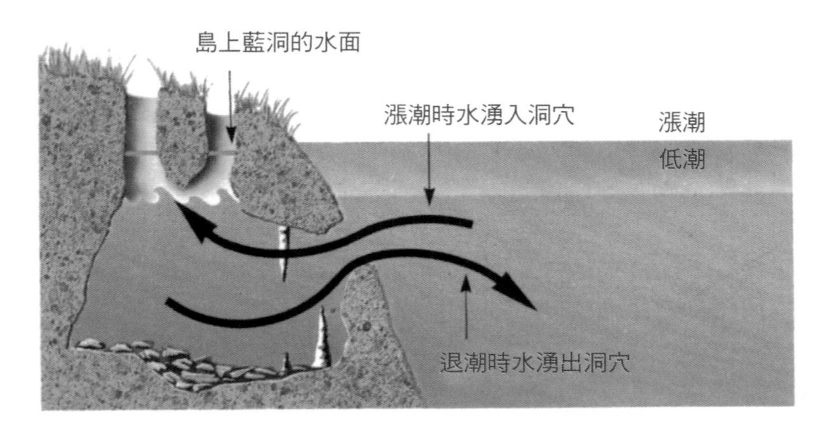

◂ 隨著潮汐漲落，水反覆湧入或湧出藍洞，水流十分湍急，潛水員必須把握時間。在為時二十分鐘的水流緩和期內，盡快完成探索工作。若算錯了潛水時間，就會有致命危險。

河因氣候的日益乾燥而消失了，洞穴也隨之乾燥，於是從石灰岩中析出的硫酸氫鹽和鈣慢慢形成石筍和鐘乳石，沒有水的支撐，洞頂開始坍塌，很多洞窟的頂部成了穹形。距今一億五千萬年前，冰川因地球氣候轉暖而開始融化，海平面也逐漸升高到現在的高度，一部分陸地淪為海洋，於是巴哈馬群島上的一些洞穴就變成了水中洞穴，巴哈馬大藍洞因此形成。

由於一般的海底洞穴一旦形成了便常常被淤泥沖積物充塞掩埋，因而極少有海底洞穴存在。而巴哈馬大藍洞則因為附近大河很少，所以沒有太多沉積物，而且水流較急，能將附近的沉積物迅速沖走而得以存留到現在。但巴哈馬群島至今仍在下沉著，那它將來的命運又會如何呢？

▲海底的鐘乳石洞

這個巨大的鐘乳石洞中，墨藍如貓眼般的海水，攝人心魂。這裡也是一個誘人的潛水景點。

海底噴泉的水從何而來？

▲因地下暗流產生強大水壓而形成的海底洞穴——海漩渦

泉水是地下水湧出地面而形成的。奇怪的是，在一些海邊甚至在海底也有泉眼，泉水從那裡噴湧出來，形成噴泉。與此相反，海水還會往裡吸，形成深不見底的洞穴。

在離甘吉亞蒂村不遠的黑海海面上，蘇聯的一艘考察船發現了甘吉亞蒂海泉，這是一個海底噴泉，水量驚人，每秒能湧出約300升淡水，在強大水壓的作用下，泉水能迅速衝破海水層直達海面，在藍色的海面上翻騰跳躍的泉水極為壯觀。考察隊員用蘆葦稈插進泛著白色泡沫的水裡，就吸到一股清甜而涼爽的泉水。

在波斯灣的巴林群島附近有一個海泉，自古以來，當地人就一直在翻騰著的海面用竹竿從海底收集淡水。

在古巴南部沿海的暗礁和石島間的海面上，也常常出現這種泉水。這種翻滾上湧的水常帶甜味。經水文和地質隊考察，發現古巴島上的河流有時會突然由地面河流變成一直流到沿海地層下的地下暗流，然後又從海底冒出，成為海底噴泉。

海水是鹹的，但在美國佛羅里達

▲天寧島（屬於北馬里亞納群島）的噴洞
是火山熔岩在海面上冷凝後留下的空洞。每當海浪湧來，水下壓力形成活塞運動，強大的衝力將海水噴射到數十公尺的空中，同時伴隨著巨大的轟鳴。隨著海浪的大小和方向的改變，每一次的噴發都有不同的形狀。

半島以東不遠的大西洋上，卻有一小片直徑約為30公尺的海水是淡水，令人驚訝的是，這小片海水的顏色、溫度和波浪與周圍的海水完全不同。

當地人早就發現了這種現象，過往船隻也常常到這裡來補充淡水。原來，這裡的海底是一個深約40公尺的小盆地，中央有個日夜不停噴出一股股強大淡水的噴泉，泉水在水壓的作用下，從泉眼斜著升到海面。這個海底噴泉是地底自流泉的一部分，其噴水量遠大於陸地上最大噴泉的噴水量，每秒噴出的泉水可達4立方公尺。泉水洶湧上升，水流和周圍的海水隔絕開來，因而形成了這個淡水區域。

另外，愛爾蘭島的海邊有個舉世罕見的噴泉，這裡有塊名叫「麥克斯威尼大炮」的岩石，岩石頂上有個直徑為25公分的孔眼與海底相通。每當海潮上漲，海水就會被壓進岩穴然後噴射出一股高約三十多公尺的水流，同時發出隆隆的聲響，宛如大炮在發射，「麥克斯威尼大炮」之名便是由此而來。

在愛奧尼亞海和亞得里亞海，還有一種「海磨坊」，是一種和噴泉完全相反的情景。海面上的海水因海底的強大吸力而形成強大的漩渦，彷彿有個無底洞穴在猛烈地吸著似的，使得海水朝著海底湧去。在希臘阿戈斯托利翁城附近海面上，就有兩個每秒鐘約有6.7立方公尺的水被吸向海底的「海磨坊」。

漩渦和噴泉雖然一個是往裡吸，一個是向外噴，但是科學家發現，海漩渦的形成也與海底噴泉有關係。在石灰岩的海岸區存在著許多被水流侵蝕形成的洞穴，從高處流到海底的地下暗流往往比海面高得多，在這種巨大壓力的作用下，地下水衝破海水的阻礙，從海面噴出來。在地下暗流的作用下，能產生強大的水壓，附近岩洞裡的水會被這種壓力吸出來，在這種情況下，如果這些岩洞跟海水相連，就會將附近的海水吸進去，從而形成海漩渦。但具體的成因，還有待進一步考察。

死海會「死」嗎？

▲死海海面積存著大量白色的結晶鹽

在巴勒斯坦、以色列和約旦之間，有一片美麗而又神奇的水域。那裡既沒有水草搖曳，也沒有魚兒悠游，就連水域的四周也是寸草不生，一片荒涼，人們叫它「死海」。死海南北狹長，面積一千多平方公里。湖水有146公尺深，最深的地方有395公尺，湖底最深的地方在海平面以下七百八十多公尺。死海的北面有約旦河流入，南面有哈薩河流入，卻沒有水道和海洋通連，湖裡的水只進不出。

由於死海的含鹽量很高，水的浮力很大，因此即使不會游泳的人也不會在死海中溺水，對於一些不會游泳的遊客來說，死海是十分理想的休閒好去處，同時遊客們還發現死海的海水具有治病的功效。隨著媒體的廣泛宣傳，死海已成為一個奇特的旅遊勝地。不但前來度假的遊客絡繹不絕，一些風濕和皮膚病的患者也經常光顧此地。

長期以來在死海的前途命運問題上，科學家們一直是眾說不一的。從各自的理論出發，科學家們得到兩種截然相反的結論：一種觀點認為，死海正在日趨乾涸，若干年後，死海將不復存在，死海的前途也就「死」定了，等待死海的只

▶死海位置圖

死海是位於以色列和約旦之間的一片美麗而又神奇的水域，水面是地球上陸地的最低點，因此死海還有「地球肚臍」的別稱。

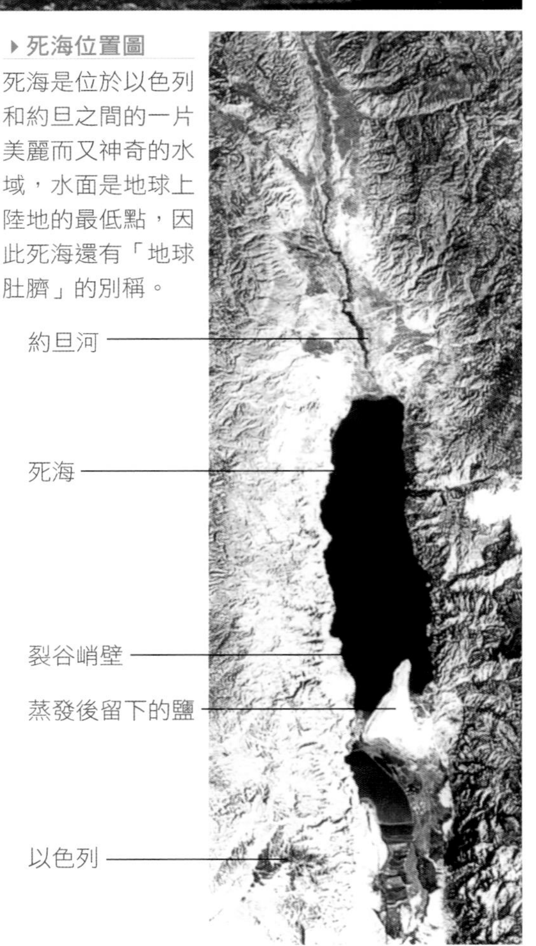

有厄運。

經過多年研究，約旦大學地質學教授薩拉邁赫表示，雖然許多地圖上標明死海水面的高度是海平面以下392公尺，但這並不是死海現在的高度，而是二十世紀60年代測量所得的資料，現在死海水面的實際高度經過測量後為海平面以下412公尺。這一資料清楚地顯示，在過去的四十年裡死海的水面正以每年0.5公尺的速度在下降（現在還有水位每年下降1公尺的說法）。薩拉邁赫教授警告，如果任憑死海水面不斷下降而不採取任何措施的話，死海將從地球上永遠消失。

據一些科學家說，60年代死海的面積大約為1,000平方公里，照這樣的速度減少下去的話，再過十年其面積將減少到650平方公里。如果不能有效地控制水位繼續下降，死海有可能會變成一個小湖。

但是，還有一種截然相反的觀點認為，死海並不是一潭絕望的死水。

這種從地質構造的角度來考慮的觀點，認為死海位於敘利亞——非洲大斷裂帶的最低處，而這個大斷裂帶正處於幼年時期，終有一天會有裂縫在死海底部產生，從地殼深處會噴湧出大量海水，隨著裂縫的不斷擴大，一個新的海洋終將生成。由此看來，死海的前途還是充滿光明的。

▲從遠處的山岩中眺望死海

而且，死海並沒有絕對的「死」。二十世紀80年代初，科學家發現在死海中正迅速繁衍著一種紅色的小生命——「鹽菌」，而且數量十分龐大，大約每立方公分的海水中含有二千億個鹽菌，正是由於這種物質的存在才使得死海中的水正不斷變紅。另外，人們還發現死海中生存著一種單細胞藻類動物。這些發現似乎說明死海仍是有生命的。

儘管如此，死海的前途卻不容樂觀，因為一個嚴酷的現實是海水正在鹹化，死海最主要的水源——約旦河中的河水已不再流入死海，乾涸的威脅還在擴大；此外，死海南部因為生態平衡遭到破壞，水位也在不斷下降。如果人類再不注意保護生態環境的話，或許不久的將來，死海就真的「死」了。

▼死海是世界上最鹹的湖泊，由於含鹽量高，湖水的比重超過了人體的比重，所以人平躺在水面上也不會下沉，甚至可以躺在水面上靜靜地看書。

馬尾藻海成為海上墳地之謎？

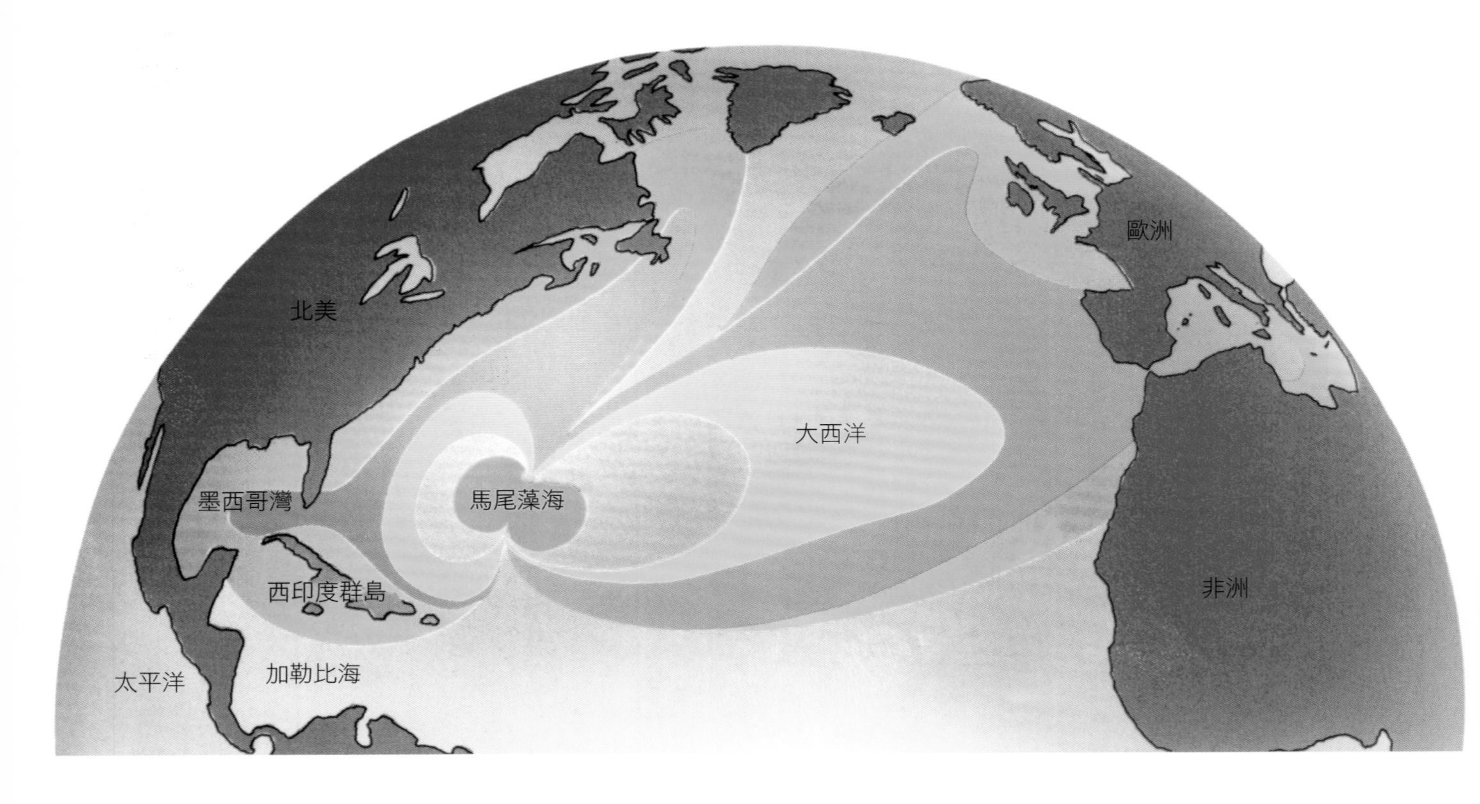

馬尾藻是一種普通的海藻，可是生長在大西洋的馬尾藻卻與眾不同，它們連綿不斷地漂滿約4,500,000平方公里的海域，所以這個海域被稱作馬尾藻海。

馬尾藻海位於北大西洋環流中心的美國東部海域，約有2,000海浬長、1,000海浬寬。海上大量漂浮的植物主要是由馬尾藻組成，這種植物以大「木筏」的形式漂浮在大洋中，直接在海水中攝取養分，並藉由分裂成片、再繼續以獨立生長的方式蔓延開來。厚厚的一層海藻鋪在茫茫大海上，一派草原風光。

馬尾藻海一年四季風平浪靜，海流微弱，各個水層之間的海水幾乎不發生混合，所以這裡的淺水層的營養物質更新速度極慢，因而靠此為生的浮游生物也是少之又少，只有其他海域的三分之一。這樣一來，那些以浮游生物為食的大型魚類和海獸幾乎絕跡，即使有，也和其他海域的外形、顏色不同。

西元1492年9月16日，當哥倫布的探險船隊正行駛在一望無際的大西洋上時，忽然，船上的人們看到在前方有一片綿延數公里的綠色「草原」。哥倫布欣喜若狂，以為印度就在眼前。於是，他們開足馬力駛向那片「草原」。但當哥倫布一行人駛近草原時，不禁大失所望，原來那「草原」是一望無際的海藻，那片海域即今天的馬尾藻海。

▲這就是生活在馬尾藻海域的裸躄魚（又名：演員魚），牠們身上的斑狀花紋和周圍的海藻融為一體。

馬尾藻海有「海上墳地」和「魔海」之稱。這是因為許多經過這裡的船隻，不小心被海藻纏繞，無法脫身，致使船上的船員因沒有食品和淡水，又得不到救助，最後饑餓而死。最先進入這片海域的哥倫布一行就在這裡被圍困了一個多月，最後在全體船員們的奮力拚搏下才得以死裡逃生。在第二次世界大戰中，英國奧茲明少校曾親自前往馬尾藻海，海上無風，「綠野」發出令人作嘔的奇臭，到處是毀壞了的船骸。到了晚上，海藻像蛇一樣爬上船的甲板，將船纏住不放，為了航行，他只好把海藻掃掉，可是海藻反而越來越多，像潮水一樣湧上甲板。經過一番搏鬥，筋疲力盡的他才僥倖得以逃生。

馬尾藻海有許多令人費解的自然現象。馬尾藻海位於大西洋中部，強大的北大西洋環流像一堵旋轉的堅固圍牆，把馬尾藻海從浩瀚的大西洋中隔離出來。因此，由於受海流和風的作用，較輕的海水向海域中部堆積，馬尾藻海中部的海平面要比美國大西洋沿岸的海平面平均高出1公尺。

那麼，馬尾藻海究竟是怎樣形成的呢？如果把大西洋比作一個碩大無比的盆子，北大西洋環流就在這盆中作圓周運動。而馬尾藻海則非常寧靜，所以許多分散的懸浮物都聚集在這裡，海上草原就是這樣形成的。但是，馬尾藻海裡的馬尾藻究竟是怎麼來的，人們還沒有找到一個肯定的答案。有的海洋學家認為，這些馬尾藻類是從其他海域漂浮過來的。有的則認為，這些馬尾藻類原來生長在這一海域的海底，後來在海浪作用漂浮出海面。

▲馬尾藻海又稱為薩加索（葡萄牙語「葡萄子」的意思）海，大致在北緯20～35°、西經35～70°之間，覆蓋大約5,000,000～6,000,000平方公里的水域。

最令人稱奇的是，這裡的馬尾藻並不是原地不動，而是像長了腳似的漂泊不停，時隱時現。一些經常來往於這一海域的科學家經常會遇到這樣的怪事：他們有時會見到一大片綠色的馬尾藻，然而過了一段時間，卻又不見它們的蹤影了。在這片既無風浪又無海流的海域，究竟是何種原因使這片海上的大草原漂泊不定呢？這至今仍是個謎。

西非骷髏海岸之謎

▲千歲蘭

生長在納米比沙漠這種植物是一種十分古老的物種，能存活二千年，可長到3公尺高，所需的水分是從兩片皮革般的帶狀葉子吸入的。

納米比沙漠是世界上最古老、最乾燥的沙漠之一。它起於安哥拉和納米比亞的邊界，止於奧蘭治河，沿非洲西南大西洋海岸延伸2,100公里。納米比沙漠被凱塞比干河分成兩個部分，南面是一片浩瀚的沙海，北面是多岩的礫石平原，沿斯凱利頓海岸一帶的海洋洶湧險惡。這裡是世界上唯一沙漠（納米比沙漠）與海洋（大西洋）相連處，充滿了詭異恐怖色彩的骷髏海岸就在南緯15～20°之間的納米比亞西海岸，這段海域因為南極洋流與大西洋洋流相遇，稱為「西風漂流」地帶。這條500公里長的海岸備受烈日的煎熬，沿岸的年降雨量不到25毫米，濕度來自夜間所形成的露水以及每隔十天左右夜間吹入海岸的霧靄，它們有時深入內陸達50公里。八千萬年以來，寒冷乾燥的風從海洋吹來，在海岸邊堆積起巨大的沙丘。每十五年一次，奎士布河的威力足以使沙子全部被沖到大西洋海岸，而來自西南方向的海浪再把沙子堆上海岸。

這種沿岸的沖積過程可能持續上千年，沙粒被不停地在沙灘上沖來沖去。在海浪下面，沙子堆積成巨大的水下沙壩，加上強勁的海風和頻繁出現的大霧，使這裡變成了危險的水域。幾個世紀以來，無數的船隻只要到了這裡，就難逃死亡的厄運。

因失事而破裂的船隻殘骸，雜亂無章地散落在古老的納米比沙漠和大西洋冷水域之間的海岸線上。葡萄牙水手把納米比這條綿延的海岸線稱為「地獄海岸」，也有人叫它骷髏海岸。

骷髏海岸從大西洋向東北一直延伸到內陸的砂礫平原，從空中往下看，是一大片褶痕斑駁的金色沙丘。

由於長期以來風力的作用，海岸沙丘的岩石被刻蝕得奇形怪狀，猶如妖怪幽靈，從荒涼的地面顯現出來。南風從遠處的海吹上岸來，布希曼人稱這種風為「蘇烏帕瓦」。「蘇烏帕瓦」吹來時，沙丘表面向下塌陷，沙粒彼此劇烈摩擦，發出隆隆的呼嘯聲，交織成一首奇特的交響樂，就像獻給那些遭遇海難的水手以及在迷茫的沙暴中迷路的冒險家的輓歌。

納米比亞自然資源非常豐富，素為西方殖民主義國家覬覦垂涎。十九世紀德國人大舉入侵納米比亞，但從未占領骷髏海岸。骷髏海岸是水手的墓地，無數的船隻迷失在這裡的濃霧和狂暴的海水中。據說一支德國部隊進入骷髏海岸，卻因為迷失方向而全軍覆滅。一些外國船隊也企圖在這裡登陸，由於浪高灘險，大多數的船隻都觸礁沉沒。

西元1933年，一名瑞士飛行員諾爾從開普敦飛往倫敦時，飛機失事，墜落在這個海岸附近。有一個記者指出他的屍骨終有一天會在「骷髏海岸」找到，可是諾爾的遺體始終沒有被發現。

西元1942年，英國貨船「鄧尼丁星」號在庫內河以南40公里處觸礁沉沒，二十一名乘客包括三個嬰孩以及四十二名男船員僥倖乘坐汽艇登上岸。那次救援共派出了兩支陸路探險家，從納米比亞的溫德胡克出發，還出動了三架本圖拉轟炸機和幾艘輪船。其中一艘救援船觸礁，三名船員遇難。這次救援用了近四個星期的時間才找到所有遇難者的屍體和生還船員，並把他們安全地送回。

西元1943年，在這個海岸沙灘上發現十三具無頭骸骨橫臥在一起，其中有一具是兒童骸骨；不遠處有一塊風雨剝蝕的石板，上面有一段寫於西元1860年的話：「我正向北走，前往60英里外的一條河邊。如有人看到這段話，照我說的方向走，神會幫助他。」但至今仍沒有人知道遇難者是誰，也不知道他們為什麼曝屍海岸。

骷髏海灘四下望去，滿目蕭疏荒涼，這片海岸上的一切都不同尋常。

◂ 急流洶湧的沿岸

海水沖上來的人骨和破船，時而露出地面，時而掩埋沙裡，令人怵目驚心。

澳洲大堡礁真的會消失嗎？

大堡礁位於澳大利亞昆士蘭以東，巴布亞灣與南回歸線之間的熱帶海域，東西寬20～240公里，南北長約2,000公里，這裡有上千個珊瑚島礁和沙灘，是世界上景色最美、規模最大的珊瑚礁群。

珊瑚蟲分泌出的石炭性物質和骨骼以及單細胞藻類等殘骸堆積起來，形成礁區。隨著時間的推移，礁區不斷擴大，露出水面的珊瑚礁群就成為海島。在礁群與海岸之間是一條極方便的交通海路，風平浪靜時，遊船在此間通過，船下連綿不斷的多采多姿的珊瑚景色，就成為吸引世界四方遊客來獵奇觀賞的最佳海底奇觀。

三百多種活珊瑚生活在這個地區。它們有著千姿百態的形

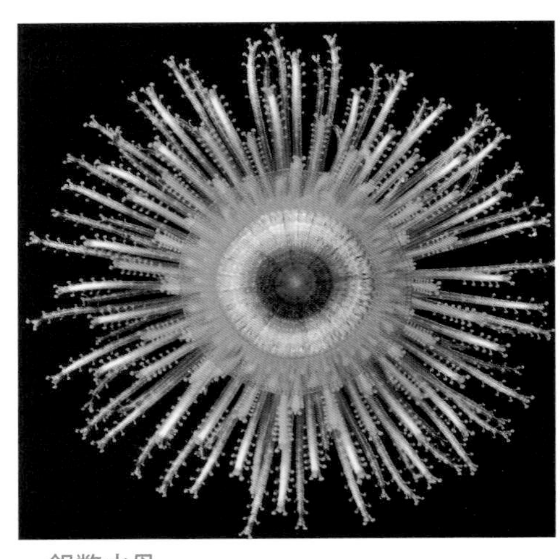

▲銀幣水母

▼大堡礁空拍圖

狀。有的似開屏的孔雀；有的像雪中紅梅；有的形狀如鹿茸，渾圓似蘑菇；有的白如飛霜，綠似翡翠，像靈芝，像荷葉……等，以及更多未可名狀、姿態各異的珊瑚，形成一幅蔚為壯觀的天然藝術圖畫。

珊瑚礁將湖包了個嚴實，這裡風平浪靜，是天然的避風港。各種魚類、蟹類、海藻類、軟體動物類，五彩紛呈，琳琅滿目，透過那清澈的海水，一覽無遺。比如：欲稱霸海洋的鯊魚，漂亮華麗的獅子魚，脊部棘狀突出釋放毒液的石頭魚，令人生畏、形狀古怪的巨蛤，柔軟無骨的無殼蝸牛，碩大無比的海龜，斑點血紅的螃蟹……被潮水沖上來的大小貝殼安安靜靜地躺在沙灘上，閃耀著光芒；退潮時來不及逃走的大龍蝦長達1公尺，與肥美的海參成為幸運者的盤中飧。

每年七到九月，瀕臨滅絕的座頭鯨出現在珊瑚島南部。牠體長15公尺，大型座頭鯨體重在40噸以上，但這是一種溫和的海洋哺乳動物。這裡還能看到大量的儒艮（也就是海牛）出沒，牠們是唯一以植物為生的海洋哺乳類動物。

每年的十月到次年三月，海龜來到雷恩島產卵，牠們如今已瀕臨滅絕，這裡是它們的一個主要繁衍處。

大堡礁大部分隱沒在水下成為暗礁，只有頂部露出海面的成為珊瑚島，總面積約80,000平方公里。在大堡礁和珊瑚海範圍內，點綴著大大小小六百多座珊瑚島。稍大一些的島嶼上，已經有了深厚的土層，島上椰林、木瓜、香蕉、麵包果樹長得非常茂密，棲息著上百萬隻海鷗和燕鷗。澳大利亞政府還在大堡礁的一部分島礁上建立了龐

大的海洋公園，遊客可以透過深入水下的長廊，盡情地欣賞海底珊瑚礁和海底生物的奇妙景象。

大堡礁是世界上最有活力和最完整的生態系統，珊瑚礁能夠對海岸形成很好的生態保護作用，還能保護生物的多樣性，在水下可以看到，各種生物都在珊瑚的孔隙裡面生活，珊瑚成了牠們的保護所，而且在裡面還能找到很多食物，眾多動物共同組成了一個水下大家庭。但這裡的平衡也是最脆弱的，如在某方面受到威脅，對整個系統來說都將是一種災難。大堡礁禁得住大風大浪的襲擊，但最大的危險卻來自人類。

在二十世紀六七零年代，由於人類大量捕魚、捕鯨，進行大規模的海參貿易等，已經使大堡礁傷痕累累。遊客撿光礁石上以刺冠海星為食的法螺，導致刺冠海星的數量激增。由於刺冠海星會把消化液吐在珊瑚上，讓珊瑚死亡。隨著刺冠海星的遽增，威脅到大堡礁的生態，只有保護法螺，才能減少刺冠海星，但部分珊瑚礁的生態平衡必須花上四十年才能恢復。

據國際間的新研究指出，大堡礁面臨的危機比從前想像的大的多——在五十年內將開始碎裂。那麼將來的某一天，這片美麗的水域是否真會因為人類的活動而消失呢？

1 海龜
2 黃色穴海綿
3 管狀海綿
4 儒艮
5 海藻
6 龜藻
7 盤珊瑚
8 藍點魟
9 鱵魚
10 鹿角珊瑚
11 灌木狀珊瑚
12 有六條斑紋的鯵
13 枝狀珊瑚
14 珊瑚鱈
15 柳珊瑚
16 軟珊瑚
17 海豚
18 蝗狀珊瑚
19 海扇
20 鯊魚

◀形狀各異、美麗多姿的珊瑚，有人說牠是舌頭，也有人說牠是植物。其實牠們是一種叫珊瑚蟲的微小的腔腸動物。珊瑚蟲像個肉質小口袋，口袋頂部有口，口的周圍長滿有絨毛的觸手。牠們一旦碰到海岸邊的岩石或礁石就扎根生長。

海底煙囪形成之謎

二十世紀80年代，一些科學工作者在加拉帕戈斯海嶺及東太平洋海隆進行考察。他們乘坐潛水艇潛到海底，當打開探照燈時，透過望遠鏡及海底電視，他們看到一幅神奇的畫面：在一片生機盎然的綠洲上，生長著海葵一類的植物，還有各種動物，長達5公尺的鮮紅色蠕蟲、西瓜一般大的海蚌、菜盆似的蜘蛛、手掌大小的沙蠶等，牠們自由自在地游著，還不時地以驚訝的目光瞅瞅牠們從未見過的人類。科學家稱這個美麗奇妙的世界為「海底玫瑰園」。

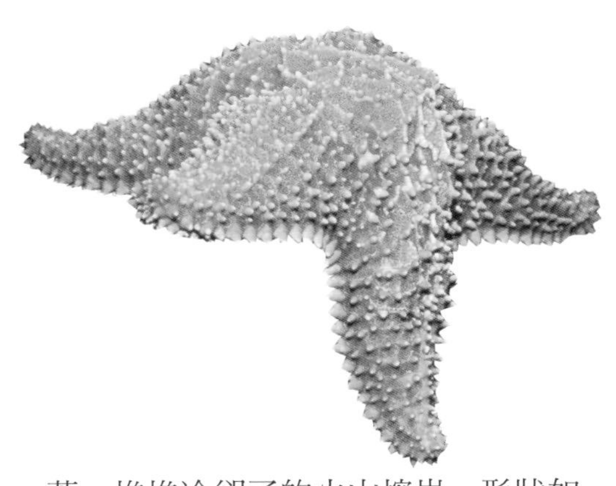

在離「海底玫瑰園」稍遠的地方，科學家們還發現一個個「煙囪」正在「咕嚕」、「咕嚕」地冒煙，這些「煙囪」極為粗大，直徑為2～6公尺，就像裝著滾水的大鍋爐一樣，熱水上下不停地翻騰，噴射出五顏六色的乳狀液體。在煙囪的周圍凝結著一堆堆冷卻了的火山熔岩，形狀如同一束束巨大的花束，姿態萬千。

在「暗無天日」的海底，為什麼會有這麼一個豐富多彩的世界呢？經

▼在這個特殊的深海環境裡，孕育出一個在黑暗、高壓下生存的生物群落。在「煙囪」的噴口周圍，形成一個新奇的生物樂園。這裡的海洋細菌靠吞食熱泉中豐富的硫化物而大量地蔓延滋生，然後，海洋細菌又成了蠕蟲、螃蟹與蛤的美味。

▲數千公尺以下的深海，是一個少有人探詢的神祕世界，色彩斑斕，生機盎然。

過研究，科學家們發現這一海域的海水深達2,600～3,000公尺，「煙囪」噴出的熱泉溫度卻高達350～400℃，這裡的熱泉不僅含有豐富的金屬物質，而且還含有硫磺等氣體。由於硫磺氣的存在，從而導致硫磺細菌的繁殖。正是由於這些硫磺細菌的繁殖，加上海底「煙囪」裡獨特金屬物質的存在，造就了此地奇特的生物群落。

那麼，海底「煙囪」是這一海域所獨有的嗎？

其實早在60年代中期，在紅海海底，就有人發現了多處類似「煙囪」那樣的「熱洞」。至今，人們在紅海海底已經找到了四處「熱洞」。過去人們總是用海水的鹽分、氣候的乾燥和溫度的高低，來解釋紅海海域特有的海洋生物群——紅海的魚類有15%是其他海洋裡所沒有的。現在看來，大量特有的金屬物質的供應以及海底「煙囪」的存在，很可能也是紅海特殊生物群落存在的一個重要原因。

西元1977年，英國地質學家乘坐「阿爾文號」潛水艇，在太平洋的加拉帕戈斯海嶺也觀察到了正在噴發的海底「煙囪」。西元1979年，美國生物學家、地質學家和化學家們，再次乘坐「阿爾文號」潛水艇，對東太平洋海嶺及加拉帕戈斯海嶺進行長時期的考察，並拍攝了大量電視記錄片。第二年夏天在繼續考察時，他們又找到許多新的含礦熱泉及氣體的噴溢區。

科學家們認為這些水底的溫泉是海底火山噴發的噴孔，隨著熱泉的噴發，豐富的鐵、鉛、錳、鋅、銅、金、銀等金屬物質在「煙囪」周圍沉積下來，形成礦泥。也有人認為由於板塊的碰撞，造成海底地層出現分裂和擴張，地球內部噴湧而出的熔岩冷卻固著成新的海底地殼。海水在地心引力作用下深入裂縫中，同時形成海底環流將熔岩中大量的熱能和礦物質攜帶和釋放出來。當熾熱的海水再度噴射到裂縫上冰冷的海水中，其中的礦物質便被溶解並形成一縷縷煙霧。礦物質遇冷收縮最終沉積成煙囪狀堆積物，地裂中的熱液順煙道噴湧而出就形成景致奇異、妙趣橫生

▸「阿爾文號」潛水艇

長66公尺，寬2.4公尺，排水量13噸，艙內裝有許多小型電子儀器，可容納兩個人員。該潛水艇不僅能潛入深水，而且還可以在深水或海底附近做水平方向的移動。

的海底熱泉。

但加利福尼亞州蒙特雷水族生物研究所海洋地質學家德布拉．斯特克斯則認為，海底煙囪的構築絕不僅僅是地質構造活動的結果，他和助手特里．庫克發現，在熱泉口周圍繁衍著種類繁多的蠕蟲，牠們對煙囪的營造有著至為重要的作用。他們從煙囪內採集岩心，發現上面布滿了含有重晶石的凹陷管狀深孔，從管洞外形來看極有可能是管足蠕蟲長期挖掘的產物。

管足蠕蟲內臟中的細菌可從熱液獲取營養來維持自己的生命，細菌還可把海水中的氫、氧和碳有機地轉化生成碳水化合物，為蠕蟲提供生存所需的食物。這種化學反應的結果留下硫元素，蠕蟲排泄的硫又促使海水中的鋇和硫酸發生催化反應。長久以來，蠕蟲死後便在熔岩中遺留下管狀重晶石穴坑。蠕蟲開鑿的洞穴息息相通，從而使熱液將礦物質源源不斷地輸送上來，堆聚成煙道。當煙囪在熱泉周圍形成後，熔岩上深邃的管狀洞口就成為礦物熱液外流的通道，進而形成海底黑煙熱泉奇觀。

現在科學家仍在研究管足蠕蟲在海底煙囪的形成過程中，究竟具有什麼作用。

◂ 海底煙囪示意圖

海底煙囪冒出來的熾熱溶液，含有豐富的金屬，和其他一些微量元素。一個煙囪從開始噴發到「死亡」短短數十年的時間裡，可以製造出近百噸的礦物。

尋蹤之謎

The Mysteries of Natural Phenomena

東非大裂谷的未來

▲東非大裂谷穿過衣索比亞高原中部

裂谷帶附近地殼活動十分頻繁，火山林立，不時有地震發生。

從北面的敘利亞到南面的莫三比克，東非大裂谷穿越二十個國家，延綿六千七百多公里，差不多是地球圓周的五分之一。這道裂口寬達一百多公里，從周圍高原到谷底的峭壁落差高達450～800公尺。東非大裂谷氣勢宏偉，景色壯觀，是世界上最大的裂谷帶，有人將其稱為「地球表皮上的一條大傷痕」。

東非大裂谷其實並不是谷，因為在整條裂谷中，既有高山，也有高原，而且在衣索比亞南部更分成兩支，直到坦尚尼亞與烏干達邊界的維多利亞湖地區才重合起來。在這個地球上最長而不間斷的裂口內，可以找到地球的最低點、世界最高的火山、地球上最大的湖泊。

東非大裂谷起自敘利亞，形成約旦河谷與死海。死海海面比平均海平面低400公尺，是各大洲中的最低點。這個地區氣溫很高，水分迅速蒸發，含鹽量約為30%，是海水的10倍，就算是不會游泳的人也能輕易浮在水面上。

距東非大裂谷起始點約800公里處，海水侵入，這道口子沿著亞喀巴灣和紅海延伸，到衣索比亞寬闊的扇形達納基勒窪地才轉入非洲大陸。這片平原曾被鹽度與死海相當的鹽水淹沒過，有些部分在海平面一百五十多公尺以下。所有的水蒸發後，留下了一層鹽層，有些地方有5,000公尺厚。

在沿東非大裂谷形成的湖泊中，坦干尼喀湖、馬拉威湖和維多利亞湖等淡水湖泊由於四周有乾旱荒漠阻隔，湖水裡生活著數百種其他地方沒有的魚。

三個湖中最淺的維多利亞湖深100公尺，這個湖也是形成最晚的，只有近七十五萬年的歷史。此湖形成時，西面的土地隆起，把數條河流的河道截斷，結果河道加深加寬，成為小湖。維多利亞湖本身也經歷變遷，在氾濫時會把原來與外界隔絕的水體中的生物接收過來，在乾旱期，湖中生物又會回復與世隔絕的生活。

形成裂谷的地方都位於地殼的「熱點」上，溫差與密度的差別使熔岩升向地殼表面，沿著裂谷的軸線火山活動頻繁。非洲大陸的最高峰──吉力馬札羅火山與肯亞山就在裂谷的軸線上，第三大火山坦尚尼亞北部的恩戈羅山已坍塌的火山口成為非洲最佳野生動物保護區，火山口內有一個天然灌溉系統，全年水分充足。西面的塞倫蓋蒂平原可容下比恩戈羅多一百倍的動物，但生活在這的二百多萬頭動物，在乾旱季節則要遷徙到有水草的地方。

古往今來，東非大裂谷一直引人注目；當今世上，東非大裂谷的未來命運，更是舉世關注。

美國地理學家約翰．喬治，曾在西元1893年對裂谷進行了為期五周的實地調查。他推測：東非裂谷不是由河流沖刷而成，而是因為地殼下沉，形成一個兩邊峭壁相夾的溝谷凹地。現在愈來愈多的科學家試圖透過勘測東非大裂谷，尋找板塊分離的答案。大陸漂移說和板塊構造說的擁護者在研究肯亞裂谷帶時注意到，兩側斷層和火山岩的年齡隨著離開裂谷軸部的距離的增加而不斷增大，從而他們認為這裡是大陸擴張的中心。

西元2003年1月，來自美國、歐洲國家和衣索比亞的七十二位科學家按計畫分別抵達了衣索比亞的各個地點，他們將合作完成非洲歷史上最大的地震勘測。科學家們推測，火山活動頻繁的東非大裂谷的「傷口」將愈來愈大，最終將變成海洋。但是，反對板塊理論的人則認為這些都是危言聳聽。他們認為大陸和大洋的相對位置無論過去或將來都不會有重大改變，地殼活動主要是作上下的垂直運動，裂谷不過是目前的沉降區而已，將來它也可能轉向上升運動，隆起成高山而不是沉降為大洋。

東非大裂谷未來的命運究竟如何，人類只有拭目以待。

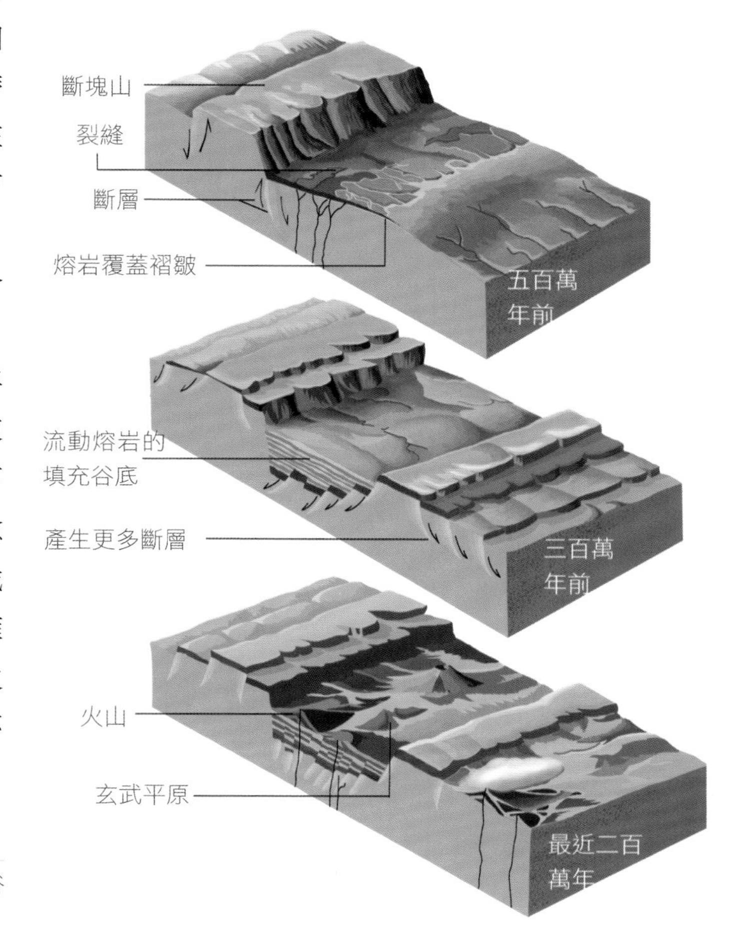

▶ **東非大裂谷的形成**

東非大裂谷是地殼撕裂、大陸擴張活動的結果。至今裂谷每年離開軸部的距離仍在不斷增加。

優勝美地谷神奇的冰川地形

▲優勝美地谷風光

現在的優勝美地谷已成為旅遊勝地，每年可吸引約二百五十萬遊客來此觀光。這裡的景色令人永生難忘，尤其是冬日陽光下和日落時的山谷美景更是美妙絕倫。

優勝美地谷是美國加利福尼亞州中東部內華達山西坡的一個冰川槽谷，在聖法蘭西斯科以東約251公里處。印第安人稱為「阿赫瓦尼」，意為「深草谷地」。谷底寬平，谷壁陡峭，具冰蝕U形谷的典型特徵，兩側多懸谷。聖華金河支流默塞德河上游流貫其中，形成一系列瀑布。西元1890年，連同附近地區的湖泊、草地、叢林（其中有巨大的紅杉樹種）等闢為優勝美地谷國家公園，占地3,028平方公里。

優勝美地谷位於公園中部地帶，這裡是世界上瀑布最密集的地區，因為特納雅、伊利洛特和約塞米特三條支流匯成的默塞德河正好從谷底流過。其中優勝美地瀑布高2,425英尺，從山谷北壁傾洩而下，居北美瀑布之首。韋納爾瀑布高317英尺，其獨特之處在於底部水花飛濺造成的濃霧在陽光照射下形成彩虹。同時，這裡的巨岩十分有特色。其中「上尉岩」高1,098公尺，它拔地而起，形狀與十九世紀美國的上尉軍官帽相似，故稱「上尉岩」，據說這是世界上最大的單塊花崗岩。落箭岩也是一塊巨石，高2,800英尺，仿佛一隻翹首遠望的企鵝，極其壯觀。

冰川之巔是公園內最著名的景點，站在山頂，可以飽覽公園全景。優勝美地谷形狀如一個巨大的「U」字。「半圓丘」比谷地高出1,500公尺，像是被利斧劈去一半的圓形頑石，巨大無比。

大約一千萬年前，優勝美地還是一片低矮的丘陵地帶。地殼運動使丘陵向上隆起，梅西特河的沖刷使河谷漸漸變深。直到三百萬年前的冰河時期，一條冰川以雷霆萬鈞之勢流經該地，才造成我們現在所見的奇景。

那時整個加拿大和現今美國中部及東部三分之二的土地都被一層很厚的大陸冰原掩蓋。西部掩蓋山區的龐大冰塊互不相連，被稱為谷冰川。

當冰期來臨時，冰川遇到哪個山谷就順著哪個山谷向下流。冰川刻畫岩石的力量是驚人的：一座只有幾百公尺寬的冰體，能在一年內把上百萬噸的基底岩石撕裂粉碎，其剝蝕作用要比水流和風大得多。並且冰川攜帶大量石塊進一步刮擦山谷，磨蝕出兩壁陡立的山谷。優勝美地谷受到流經該谷的冰川沖蝕，便愈來愈寬闊，而成為典型的U字形。

我們可以想像：在冰川最大的時期，優勝美地谷裡差不多滿布著冰，最少厚達5,000英尺。在一片荒涼的冰原上，唯一露出冰外的陸標大概就是半圓山的峰頂。每條冰川挾帶著大量岩屑，這種岩屑在冰川兩側附近特別厚，被稱為「側磧」。在半圓山之下，有兩條側磧合而為一，位於主流的中間，形成一條黑的「中磧」，就好像是冰上的一條黑紋。中磧隨著冰川彎曲，冰川流動的蹤跡更清晰可見。從高空俯視現在阿拉斯加和格陵蘭兩地仍然存在的冰川，就可以很清楚地看見這種中磧。

▲優勝美地國家公園裡的黑熊

環繞著優勝美地谷的內華達群山中，現在仍有六十條小型冰川，其中許多條看上去並不像真正的冰川，只像未完全融解的大堆積雪。不過，它們長年不融，形成許多層次，並且還會移動。

優勝美地除了冰川遺跡外，還有許多奇形怪狀的花崗岩，既有又陡又大的峭壁，也有經風化作用形成的圓形岩丘和岩穹。而至於優勝美地谷會不會再有冰川，至今仍難以預測。

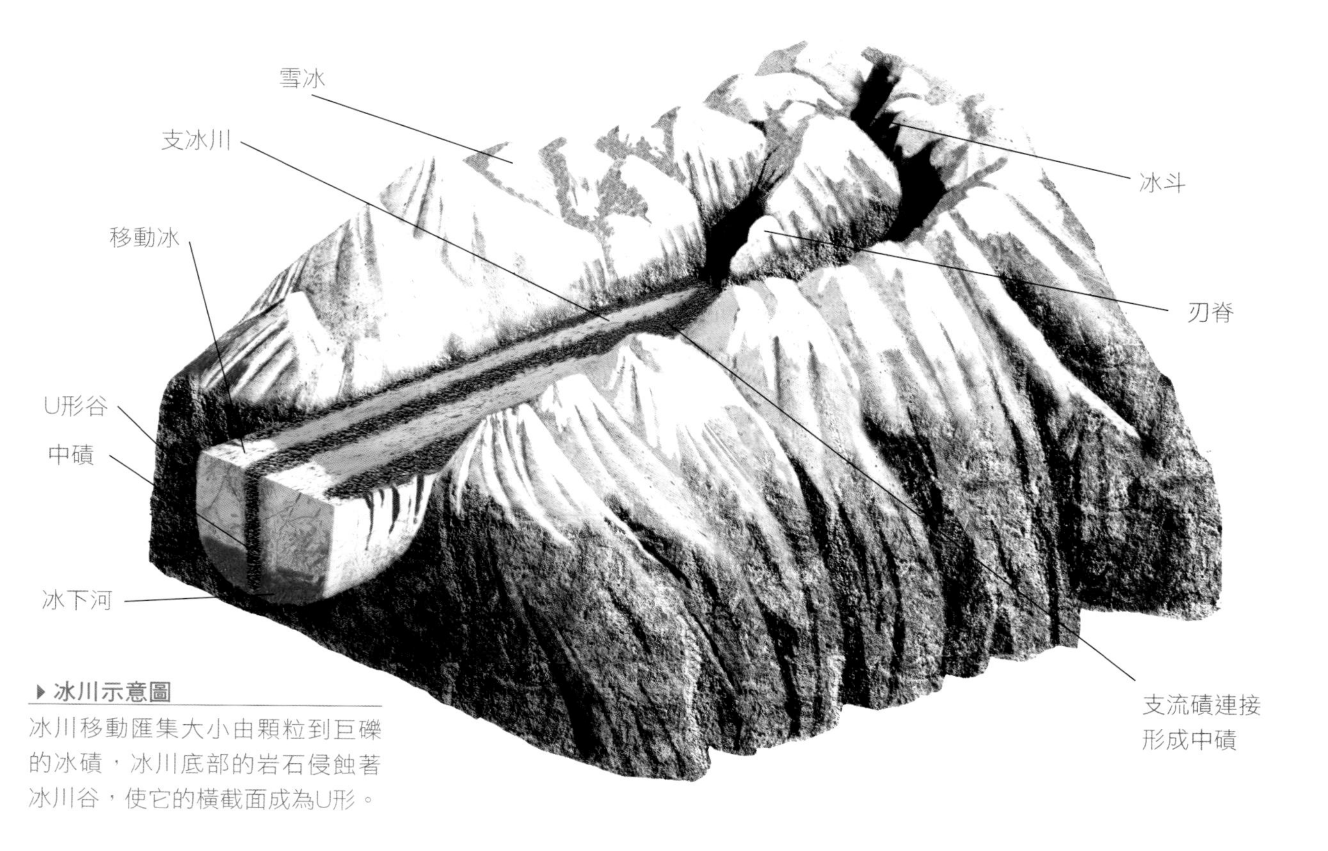

▶ 冰川示意圖

冰川移動匯集大小由顆粒到巨礫的冰磧，冰川底部的岩石侵蝕著冰川谷，使它的橫截面成為U形。

北美奇景科羅拉多大峽谷

▲科羅拉多大峽谷的奇特地貌

在美國亞歷桑那沙漠中部，有一條長約515公里的大峽谷，最深處的格拉尼特峽位於托羅韋帕高地北緣下800公尺處，深1,600公尺，最寬處達29公里。峽谷峭壁由岩石構成，岩紋清晰可見。谷底為淺黑的片岩（一種容易裂開有變質岩）和富含化石的花崗岩。大峽谷氣象萬千，被公認為北美洲的一大奇景，連羅斯福總統都慨嘆那是「每個美國人都應該一看的勝景」。

大峽谷大致上呈東西走向，平均谷深1,600公尺，全長350公里。大峽谷谷底寬度不足1,000公尺，最窄處僅120公尺。「科羅拉多」在西班牙語中意為「紅河」，這是由於河中夾帶大量泥沙，河水長年為紅色而得名。有人說，從太空中看地球，唯一可用肉眼看到的自然景觀就是科羅拉多大峽谷。

相傳大峽谷形成於一次大洪水中。當時，人類被上天變成魚才得以生存下來。從此以後，當地的印第安人不吃魚類，到現在也沒有改變。不過，大峽谷的真實成因，來自洶湧澎湃的科羅拉多河水夾帶大量泥沙碎石產生巨大的侵蝕下切力。大峽谷地區最古老的岩層形成於寒武紀，是由於地球內外力的相互作用而形成。峽谷兩岸隨處顯露形成於不同地質年代的地層斷面，岩層清晰，保持著原始狀態，是一部生動的地質教科書。西元1919年，大峽谷被設立為國家公園。

峽谷中的地形奇特多變，有的尖

如寶塔，有的像奇峰聳立，有的如洞穴般幽深。根據外形的特徵，人們給它們起名叫狄安娜神廟、阿波羅神殿、婆羅門寺宇等。

光怪陸離的紅色巨岩斷層分布在峽谷兩岸。值得一提的是，在陽光照耀下，紅褐色的土壤和岩石呈現的光彩五顏六色，或紫色，或深藍色，或棕色，顏色隨著太陽光線強弱的不同而變化。這種神奇的景觀以其特有的魅力吸引著來自世界各地的遊人。

最早來到這裡的歐洲人，大抵是西班牙的一名騎士德科倫納多及其隊伍。西元1540年他率領三百人到此尋找黃金，一行人在峽谷邊緣循著水聲找了三天，也沒找到任何通往河邊的路徑。如果找到的話，他們一定會大吃一驚：估計那時的河道僅寬1.8公尺。

三百多年後，艾甫斯上尉帶領探險隊來到這裡。他從加利福尼亞灣啟錨，沿科羅拉多河上溯，兩個月後他登上岸，在南里姆騎著騾子沿著岩架行進。後來他是這樣記述岩架的，距陡峭深淵的邊緣不到8公分，淵深300公尺；另一邊，一堵陡直岩壁差不多觸及他的膝蓋。可見科羅拉多大峽谷是多麼的陡峭。

一般人來到大峽谷，只覺滿目蒼涼。其實，大峽谷國家公園內有多種野生動植物，已查到的陸地動物有九十餘種，鳥類一百八十多種；植物有罌粟、雲杉、仙人掌、冷杉等。大峽谷裡仍有早期印第安人的泥牆小屋廢墟。乘直升機飛到哈瓦蘇峽谷上空，還可俯瞰到哈瓦蘇派印第安人的居地。

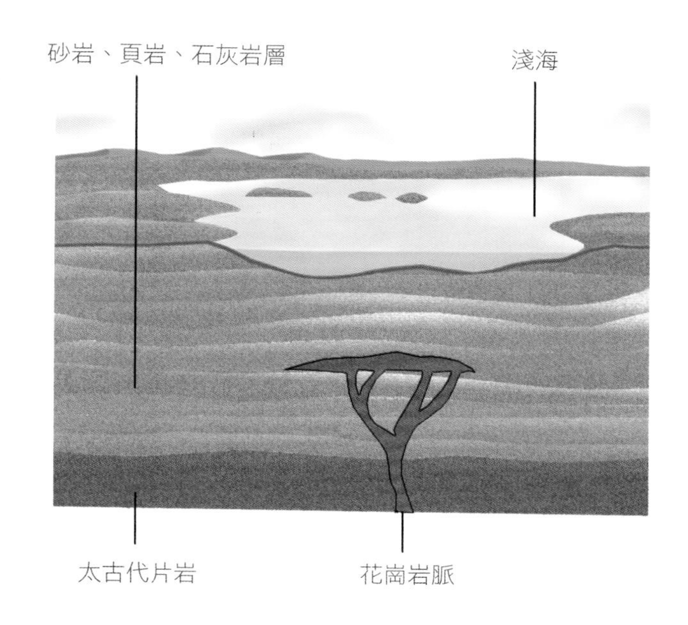

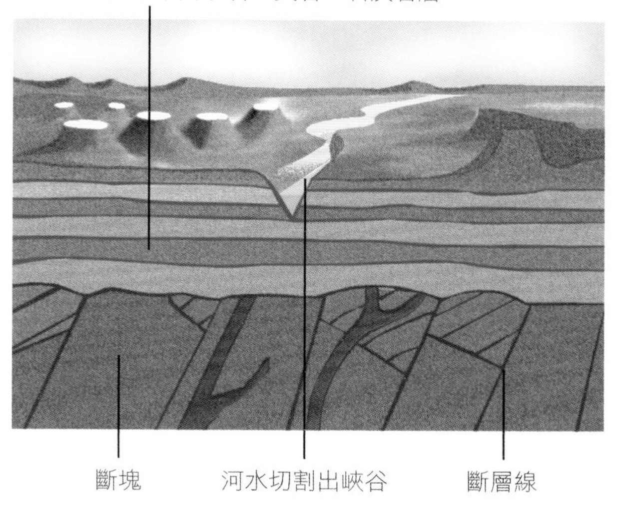

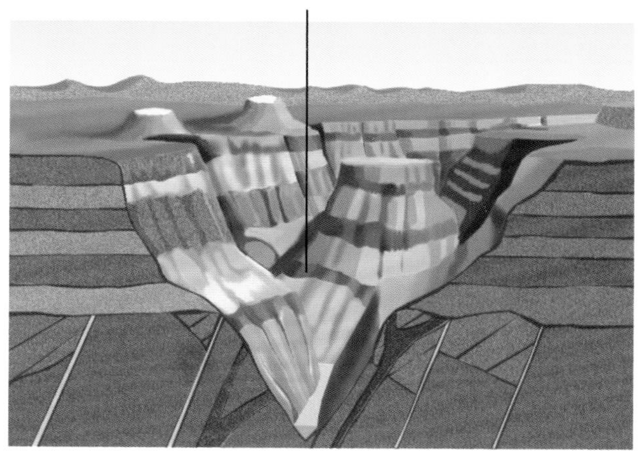

▸大峽谷形成過程示意圖

大峽谷是從曾經為古代海底的亞歷桑那州西北部的一個高原裡切割出來的。兩條河流——古科羅拉多河和瓦拉派河切入高原後相遇，它們會合後形成現今的科羅拉多河。大約在六千萬年以前，高原因地殼運動被抬升。科羅拉多河河灣以湍急的水流（達32公里/時），一面沖刷峽谷兩側，一面挖深河道。

神祕的雅魯藏布大峽谷

大家都知道，雅魯藏布江是世界上最高的河流。「雅魯藏布」是藏語，它的漢語意思就是「天河」。雅魯藏布江發源於青康藏高原西部，它由西向東日夜不停地奔流。滔滔江水橫貫青康藏高原西南部，被西藏人民贊為「母親河」。在喜馬拉雅山和岡底斯山、念青唐古喇山之間有一塊寬為5～10公里的谷地，它就是西藏的主要耕作區──雅魯藏布江谷地。

人們對這條河進行科學考察時發現，它的沿途有許多河流匯入，這些河流的匯入增加了雅魯藏布江的水量。江水在東經95°附近有個大拐彎，巨大的水流將這個地方沖出了一段大峽谷。這段峽谷又長又深，舉世罕見。這一發現引起了眾多科學工作者的興趣。後來，又有許多人來到這裡，許多新的發現不斷被公諸於世。

雅魯藏布大峽谷的自然景觀壯麗旖旎。從海拔500公尺高的地方到5,000公尺高的區域內，分布著從極地到赤道的不同氣候帶，使來到這裡的人們可以體驗到各種截然不同的環境。雅魯藏布江之所以有如此獨特的風光，主要是由於它是印度洋南部的暖濕氣流進入青康藏高原的主要通道。

雅魯藏布大峽谷有著豐富多樣的氣候資源。海拔1,100公尺以下是常綠季風雨林地區，這裡的平均氣溫在16

▲雅魯藏布江狹窄的河道

～18℃，熱帶的花木果樹和亞熱帶的植物以及喜陰的農作物都能在這裡健康生長；海拔1,100～2,400公尺的地區年平均氣溫是11～16℃，是常綠半常綠闊葉林地區，這裡適宜亞熱帶經濟作物和濕熱帶果樹的生長；海拔2,400～3,800公尺處的氣溫下降為年平均2～11℃，是亞高山常綠葉林帶，這裡生長著青稞、油菜、冬小麥、馬鈴薯等耐寒農作物，這一區域還是用材林的生產基地；3,900公尺以上氣候十分寒冷，濕氣重，只能生長一些草類植物，因此這裡成為適宜夏季放牧的優質高原牧場。

這裡的生物資源十分豐富，品種多樣。其中，維管束植物有3,768種，占整個西藏高原植物總數的三分之二；大型真菌有六百八十餘種，占西藏真菌總數的78%；鳥類有二百三十二種，占

◀雅魯藏布江江岸風情

西藏鳥類總數的49％。此外，還有兩棲爬蟲類動物三十一種，昆蟲二百餘種。

這裡的水能資源也十分豐富。因為這裡地勢高，多峽谷懸崖，重巒疊嶂，水流至此十分湍急，一遇懸崖便形成許多落差極大的瀑布。這裡水能資源總貯量約有一億千瓦，占全國的七分之一。大峽谷地區又被譽為「天然冰庫」，因為這裡冰雪資源極為豐富，擁有面積超過4,800平方公里的現代冰川。

從西元1994年4月13日開始，中國科學家開始對大峽谷地區進行多次的科學考察和論證，最終證實世界上最大的峽谷是中國的雅魯藏布大峽谷。它的核心峽谷河段最深達5,383公尺，平均深5,000公尺，長達496.3公里。這幾項指標又刷新了兩項世界紀錄。西元1998年10月18日，國務院批准命名該峽谷為「雅魯藏布大峽谷」。

西元1998年10月至11月，「'98中國雅魯藏布大峽谷科學探險考察隊」成立。這次考察和以往考察的不同點在於，這是第一次徒步考察這個新發現的大峽谷。從該地區的大渡卡開始行程，到峽谷腹地墨脫縣的邦博結束，全程約240公里。這中間有大約100公里的地區是無人區，那裡河底陡峭，常有野獸毒蟲出沒，樹木亂石密布，基本上沒有道路，為行程增加了許多困難和危險。這次探險考察也因此成為二十世紀末人類探險史上的一次壯舉。這次考察的成果，將在二十一世紀為雅魯藏布大峽谷的開發利用提供較為翔實的科學資料。

▼雅魯藏布江夕照

富士火山會再覺醒嗎？

富士山距東京約80公里，跨靜岡、山梨兩縣，面積為90.76平方公里。富士山是大和民族心靈上永遠的故鄉，素有「聖山」之稱。其名字的發音“FUJI”，來自日本少數民族阿伊努族的語言，意思是「火之山」或「火神」。

富士山是一座年輕的火山，據傳於西元前286年因地震而形成，最後一次噴發是在西元1707年。那一次噴出的岩漿曾淹沒附近兩座較老的火山，砂土遠揚400公里，形成今日富士山的錐形巨峰。人們只要在富士山周圍一百多公里以內，就可以看到那終年被積雪覆蓋著的錐形輪廓，昂然聳立於天地之間，顯得神聖而莊嚴。

富士山周圍有「富士八峰」，它們分別是劍峰、白山岳、久須志岳、大日岳、伊豆岳、成就岳、駒岳和三岳。富士山西南麓有著名的白系瀑布和音止瀑布。南麓是一片遼闊的牧場，綠草如茵，牛羊成群，是天然的觀光勝地。在靜岡縣裾野市的富士山麓，開闢了面積為740,000平方公尺的遊獵公園，裡面的野生動物共計有四十種一千多頭。

富士山北麓有富士五湖。它們分別是河口湖、山中湖、精進湖、西湖和本栖湖，其中最大的是面積為6.75平方公里的山中湖。湖東南的忍野村有被稱為「忍野八海」的涌池、鏡池等八個池塘，它們與山中湖相通。西湖岸邊也有許多風景區，如紅葉臺、青木原樹海、足和田山、鳴澤冰穴等。五湖中交通最為方便的是河口湖，湖中有鵜島，是五湖中僅有的一個島嶼。

富士山每年都吸引著數百萬人前去攀登，很多人以登上富士山為榮。日本人登富士山的歷史始於平安時代（西元794～1192年）中期，相傳第一個登上富士山頂的人是緣之和尚，他冒著生命危險登上了富士山頂，下山時眉毛已被烤焦。在他之後，一代代僧人接踵而來，並在山頂建起了第一批木屋。現在，每年的七到八月被定為登山節。

有人說富士山屬於「休眠火山」，不大可能再度爆發。但一些地震專家反駁指出，雖然富士山已有好幾百年沒有噴發了，但這並不表示它就是一座死火山。

最近兩年來，日本富士山周圍地區發生了多起來自較深震源的低頻地震，於是，有關富士山這座活火山何時會再度噴發的揣測愈來愈多。據史料記載，富士山共噴發過十八次，「但是，沒有記錄在案的噴發遠遠不只這些次數。」日本火山研究專家宮地直道指出，「對於這部分有待填補的空白，只能靠專家去實地探勘。」但富士山覆蓋面積較廣，山體自海拔2,900公尺直到山頂，均為火山熔岩、火山砂所覆蓋，陡坡上整個冬季為積雪覆蓋，夏天裸露的火山岩異常光滑，專家很難攀登其上。

西元2002年秋天，日本地質專家們在海拔1,400公尺高度的東北山麓鑽取了直徑約8公分、長130公尺的連續岩芯，它的質感較酥軟，大體都是細微粉粒的火山灰。岩芯中的黑色物質是由被火山岩屑流吞沒的樹木燃燒之後形成的碳，它們與火山灰等沉降物、泥流堆積物、熔岩等複雜地重疊在一起，詳細分析這些層次，富士火山噴發的歷史將有望揭開。

為了防範富士山的下一次噴發，日本政府已成立專門機構，組織有關專家繪製了富士火山噴發災害預測圖，預測工作按迄今所出現過最猛烈的噴發規模做準備，並類比演示為害範圍以及相應慘烈程度。發生於西元1707年12月16日的寶永噴發，持續了十六天，山腰的火山灰厚達1公尺，隨西風飄移到江戶的火山灰厚度也在2公分以上。同時引發的地震達8.4級，有二萬多人死亡，八萬多間房舍毀於一旦。按富士火山災害預測圖所做的測算，同樣的噴發如果發生在今天，不算傷亡人數，損失也將超過二萬億日元。

專家組預測，富士山的噴發可能有兩種類型，一種可能是從山腰流出熔岩，另一種可能是從山頂大量噴出火山灰。前一種噴發如果發生，火山熔岩的一部分可能會到達日本鐵路大動脈的東海道新幹線，由於熔岩流動速度較慢，災害發生時還能來得及組織人員避難。但如果後一種噴發發生，火山灰將危及整個首都圈，要是遇上雨天，還會引起停電，導致道路交通中斷。

看樣子，現在富士山腳下的子民們能做的，只能祈禱「聖山」別再怒吼了。

▲自古以來，富士山就是舉行日本傳統山岳信仰活動的重要場所。今天，作為一項觀光登山活動，許多人喜歡登臨富士山，從山頂觀看日出。

如何看清楚廬山真面目？

廬山的形成是地質年代地殼構造運動的結果。在遙遠的地質年代，這裡原是一片汪洋，後經造山運動，才使廬山脫離了海洋環境。現今廬山上所裸露的岩山如「大月山粗砂岩」就是古代震旦紀的古老岩石。那個時代的廬山山勢不高，在漫長的地質年代裡，它經歷了數次海侵和海退。廬山高度的大幅上升，是在距今約六七千萬年前的中生代白堊紀。當時，地球上又發生了強烈的燕山構造運動，位於淮陽弧形山系頂部的廬山，受到向南擠壓的強力和江南古陸的夾持而上升成山。山呈腎形，為東北—西南走向，形成一座長25公里、寬10公里、周長約70公里，海拔1,474公尺以上的山地。這就是千古名山廬山的形成過程。

廬山「奇秀甲天下山」之說並非過譽。這裡的石、水、樹無一不是絕佳的風景，五老絕峰，高可參天，四季雲霧繚繞。說到廬山多霧，這與它處於江湖環抱的地理位置有著密不可分的關係。由於雨量多、濕度大，水氣不易蒸發，因此山上經常被雲霧籠罩，一年之中差不多有一百九十天是霧天。大霧茫茫，雲煙飛渡，給廬山平添了不少神祕色彩。凡到廬山者，必遊香爐峰，香爐瀑布銀河倒掛，確實迷人。李白看見香爐瀑布後，萬分讚嘆，留下了千古不朽的詩句：「日照香爐生紫煙，遙看瀑布掛前川；飛流直下三千尺，疑是銀河落九天。」香爐瀑布飛瀉轟鳴之美，從古至今皆令到此觀光的遊者大為傾倒。

廬山是否曾出現過冰川的問題，在中國地質界一直存在著爭議。

西元1931年，地質學家李四光帶著北京大學學生前往廬山考察時，在那裡發現了一些第四紀沉積物，這個現象很難不用冰川作用的結果來解釋。在往後的幾次考察中，從不同的角度再加以研究，確定了這應是冰川作用的結果。於是，他在一次地質學年會上發表了題為《揚子江流域之第四紀冰期》的學術演說，提出「廬山第四紀冰川說」，其主要證據是平底谷、王家坡U形谷、懸谷、冰斗和冰窖、雪坡和粒雪盆地。李四光亦指出廬山上下都堆積了大量的泥礫，這些堆積顯示了冰川作用的特徵。

當時的國際地質學界有一種觀點正在流行，學者們認為第三紀以來，中國氣候過於乾燥，缺乏足夠的降水量，不可能形成冰川。英籍學者巴爾博根據對山西太谷第四紀地層的研究，認為華北地區的第四紀只有暖寒、乾濕的氣候變化，並未發生過冰期，那些類似冰川的地形可能只是流水侵蝕造成，也可能是山體原狀，而王家坡U形谷的走向可能和基岩的構造有關。法籍學者德日進也排除了廬山冰川存在的可能性。

▲廬山龍首崖

後來的幾年間，李四光也在尋找更多的證據，以說服那些抱持懷疑論點的人。西元1936年，他在黃山又發現了冰川遺跡，更加可以作為廬山曾有冰川的佐證。他的論著《冰期之廬山》總結廬山的冰川遺跡，進一步肯定廬山的冰川地形和冰磧泥礫，描述了在玉屏峰以南所發現的紋泥和白石嘴附近的羊背石。該書特地寫了〈冰

▲碧龍潭

磧物釋疑〉一章，對反對者所提出的觀點進行分析與反駁。關於泥礫的成因問題，他否定風化殘積、山麓坡積、山崩、泥流等成因的可能性，再次肯定泥礫的冰川成因。

不久後，他又撰寫《中國地質學》一書，著重討論了泥流和雪線問題。他認為既然其他學者也承認這樣大規模的泥礫應是由融凍泥流所形成的，那就應該認同廬山上曾發生過冰川作用。因為如果山下平原區發生了反覆的冰凍與融化，以致產生了泥流的低溫條件，按每升高100公尺溫度降低10℃來計算，廬山上面的溫度就要比周圍平原低10～15℃，這樣無可避免地會產生冰川。曾被用來作為反對廬山冰川說的泥流作用，反過來成了此說的有力證據。對雪線問題，李四光認為東亞地區的雪線在更新世時期有所降低，因此雖然廬山海拔較低，但也能產生冰川。

二十世紀60年代初，黃培華再次對廬山存在第四紀冰川提出質疑。其依據是：所謂的「冰磧物」不一定就是冰川的堆積，其他地質作用如山洪、泥流都可以是冰磧物的成因；地形方面，廬山沒有粒雪盆地，王家谷等地都不是粒雪盆地，如果說山北「冰川」遺跡遍布，何以在山南絕跡？廬山地區尚未發現喜寒動植物群，只有熱帶亞熱帶動植物。支持冰川說的曹照恒、吳錫浩從廬山的堆積物、地貌、氣候及古生物方面反駁了黃培華的觀點。

二十世紀80年代初，持「非冰川論」的施雅風、黃培華等人又進一步從冰川侵蝕形態、冰川堆積和氣候條件等方面，對廬山第四紀冰川說加以否定。持「冰川論」的景才瑞、周慕林等人則從地貌、堆積，特別是冰川時空上的共性與個性等方面進一步論證了廬山冰川的可能性。

在具最新論據的爭論中，持非冰川論觀點的謝又予、崔之久對廬山第四紀沉積物作了化學測量，「泥礫」中礫石形狀、組織的統計分析，以及電鏡掃描所採石英砂表面形態與沉積物微結構特徵等，認為廬山的「冰川地貌」是受岩性、構造控制的產物，而不是真正的冰川地貌；所謂的「冰川泥礫」也不是冰磧物，而是典型的水石流、泥石流和坡積的產物。

以上的爭論並沒有結束，對於廬山的地貌和沉積物這一共同事實，爭論一方說是冰川作用的證據，而另一方卻判定為非冰川作用的證據。廬山的真實面目至今仍是個謎。而廬山上是否曾有冰山存在過的歷史，對於中國第四紀地層的劃分具有重要的意義，因此尚有待更深入的探討。

青康藏高原曾是海洋嗎？

青康藏高原有世界上最高的山峰——珠穆朗瑪峰。全世界海拔超過8,000公尺的山峰共有十四座，都位於青康藏高原。青康藏高原雄踞地球之巔，「世界屋脊」這個稱號可說是當之無愧。高原上有許多美麗的風景：無數蔚藍色的湖泊鑲嵌在廣闊的草原上，雪峰倒映其中，美麗迷人；岩石縫裡噴出許多熱氣騰騰的泉水；附近的雪峰、湖泊在噴泉的映襯下顯得格外耀眼。

青康藏高原上的大多數山峰都覆蓋著厚厚的冰雪，許多銀鍊似的冰川點綴在群山之中，這些冰川正是大江、大河的「母親」。世界著名的長江、黃河、印度河和恒河等皆發源於此，它們從這裡汲取了豐富的水源。柴達木盆地是青康藏高原地勢較低的地方，但海拔也有2,000～3,000公尺。

人們在為這瑰麗景色發出驚嘆之餘，不禁要問：青康藏高原是怎麼形成的？它原本就是這個樣子嗎？

我們可能難以想像，如今世界上最高的青康藏高原曾經被埋在深深的海底，而且喜馬拉雅山至今也從未停止過上升。針對西元1862～1932年間的測量結果進行分析就會發現，許多地方每年以平均18.2毫米的速度在上升。如果喜馬拉雅山始終按照這個速度上升，那麼一萬年以後，它將比現在還要再高182公尺。

在青康藏高原層層疊疊的頁岩和石灰岩層中，地質學家們挖掘出了大量的恐龍化石、陸相植物化石、三趾馬化石以及許多古代海洋生物的化石，如鸚鵡螺、三葉蟲、珊瑚、筆石、菊石、海百合、苔蘚蟲、百孔蟲、海膽和海藻等的化石。面對這些古代海洋生物化石，地質學家們的思緒也回到了遙遠的地質年代。早在二、三億年前，青康藏高原曾是一片汪洋大海，它呈長條狀，與太平洋、大西洋相通。後來由於強烈的地殼運動形成古生代的褶皺山系，海洋隨之消失，古祁連山、古崑崙山相繼產生，而原本的柴達木古陸相對下陷，由此形成了大型的內陸湖盆地。經過一億五千萬年漫長的中生代，長時間的風化剝蝕使這些高山逐漸被夷平。高山上被侵蝕下來的大量泥沙則全部沉積到湖盆內。

地殼運動在新生代以後再次活躍起來，那些古老山脈因此而劇烈升起，「返老還童」似地重新變成高峻的大山。現今世界最高山脈所在的喜馬拉雅山區在距今四千多萬年前是一片汪洋大海。這裡原本是連續下降區，厚達1,000公尺的海相沉積岩層深積於此，各個時代的生物也埋藏在岩層中。隨著印度洋板塊不斷北移，最後與歐亞大陸板塊相撞，這個地區的古海受到嚴重擠壓，褶皺因此而產生。喜馬拉雅山脈從海底逐漸升起，並帶著高原大幅度地隆起，「世界屋脊」從此屹立於世。

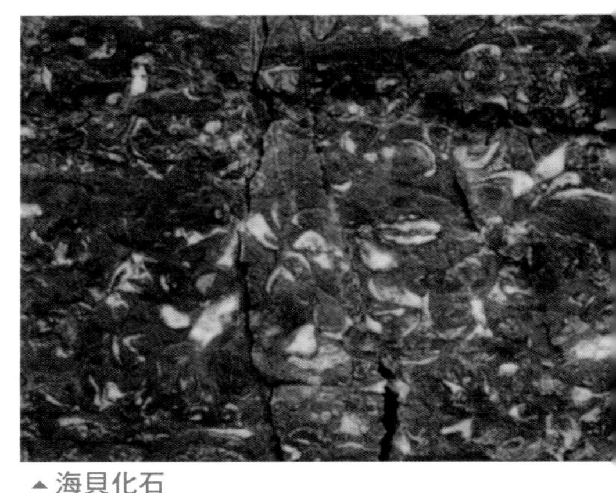

▲海貝化石
喜馬拉雅山山上的海貝化石，是青康藏高原地質構造變化的見證。

高原的強烈隆升，對亞洲東部的自然地理環境產生了深刻的影響，改變了周圍地區大氣環流的形勢。經氣象學家研究得知，夏季時，高原的存在誘發了西南季風，使中國東部的夏季季風能長驅北上，為廣大地區帶來充沛的降水；冬季，高原的存在產生了西伯利亞高壓，強大的冷空氣足以席捲南部廣大地區。如果我們把高原與其周圍低地相比較，便可以看出它

▲高原暮色

們的顯著差別。高原南部的印度阿薩姆平原為熱帶雨林地帶，而高原北部卻是極端乾旱的溫帶荒漠；高原東緣與亞熱帶濕潤的常綠闊葉林地帶相接；其西側毗連著亞熱帶半乾旱的森林草原和灌木林草原地帶。青康藏高原恰恰處在這南北迥異、東西懸殊的位置。高原強烈隆升的結果，使氣候愈來愈寒冷乾燥，並且愈往中心地區愈明顯，由隆升前的茂密森林過渡到了今天的高寒荒漠。相比之下，高原東南邊緣的變化最小，至今仍然保存著溫暖濕潤的森林景觀。

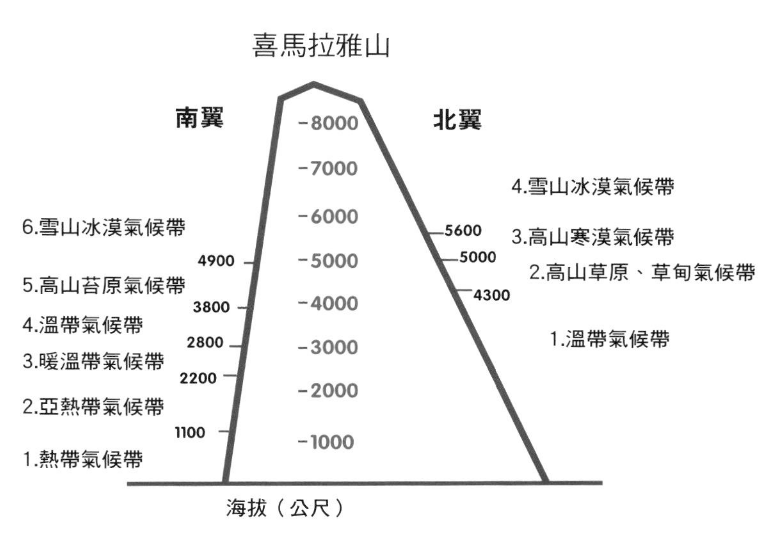

▲喜馬拉雅山氣候垂直分布示意圖

▼羊群在天高雲淡的青康藏高原牧場上悠閒地吃草。

神奇沸泉為何出現在冰原上？

在雄偉的岡底斯山和念青唐古喇山山下，常常能見到山峰白雪皚皚，山腳熱氣騰騰，漫天雪峰的背景與冉冉升起的白色氣柱交相輝映，蔚為壯觀。在青康藏高原範圍內共有一千餘處地熱區，以西藏南部的地熱帶最為強盛。青康藏高原地熱資源之豐富，類型之複雜，水熱活動之強烈為全球罕見。

南起喜馬拉雅山，北抵岡底斯山和念青唐古喇山，從西陲阿里向東經過藏南延伸至橫斷山脈折向南，迄於雲南西部的強大地熱帶的形成，和年輕的喜馬拉雅造山運動密切相關。中國的科學工作者稱它為「喜馬拉雅地熱帶」。在這條地熱帶內有熱水湖、熱水沼澤、熱泉、沸泉、氣泉和各種泉華等地熱顯示類型，還有世界上罕見的水熱爆炸和間歇噴泉現象，是什麼原因導致了這些現象呢？

在喜馬拉雅地熱帶內一共找到十一處水熱爆炸區，其中以瑪旁雍熱田最為典型。據目睹者形容，西元1975年11月在西藏普蘭縣曲普地區發生了一次水熱爆炸，震天巨響嚇得牛羊四處逃散，巨大的黑灰色煙柱直衝上天，上升到大約八九百公尺的高度，形成一團黑雲飄走。爆炸時拋出的石塊直徑大的達30公分，爆炸後九個月，穴口依然籠罩在彌漫的蒸氣之中。留下一個直徑約25公尺的大坑，稱為圓形爆炸穴。穴體充水成熱水塘，中心有兩個沸泉口，形成沸水滾滾、翻湧不息的湍流區。泉口溫度無法測量，但熱水塘岸邊的水底溫度已高達78℃。

水熱爆炸是一種極為猛烈的水熱活動現象，爆炸後地表留下一個漏斗狀的爆炸穴，穴口周圍組成的環形垣體堆積物逐漸流散，泉口湧水量慢慢減少，水質漸清，水溫降低。水熱爆炸通常沒有固定的時間和地點，事前徵兆不明顯，過程也很短促，約在10分鐘以內，因此只有少數人碰巧目睹過這種奇特的地熱現象。

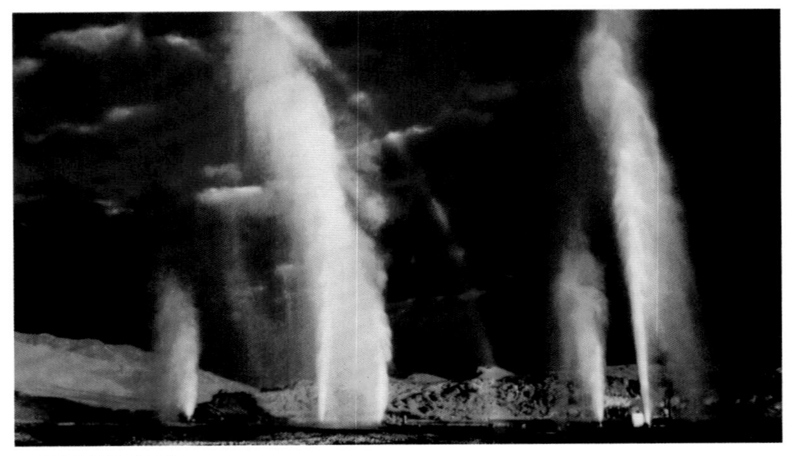

▲西藏朗久地熱

有人認為，水熱爆炸屬於火山活動的範疇，這是因為目前僅有美國、日本、紐西蘭和義大利等少數國家發生過水熱爆炸的現象，而且幾乎都出現在近代火山區內。然而，青康藏高原上的水熱爆炸活動和現代火山似乎沒有什麼聯繫。它是在以岩漿熱源為背景的淺層含熱水層中，當熱水的溫度超過與壓力相適應的沸點而驟然汽化，體積膨脹數百倍所產生的巨大壓力掀開上面的蓋層而發生的爆炸。

高原上水熱爆炸的規模較小，但同一地點發生水熱爆炸的頻率卻較高。如苦瑪每年四、五次，有幾年則多達二十餘次。這種罕見的高頻水熱爆炸活動，說明下覆熱源的熱能傳遞速率大，爆炸點的熱量累積快。從地熱帶內其他各種跡象判斷，這個熱源可能是十分年輕的岩漿侵入體。十九世紀末葉以來，涉足高原的任何外國探險家都沒有報導過這裡的水熱爆炸活動，已經發現的水熱爆炸活動大都發生在二十世紀50年代以後，它們形成的垣體中也不見泉華碎塊，這不僅說明這些水熱區形成的年代較新，而且還暗示這裡作為熱源的殼內岩漿體很年輕，正處於初期階段。

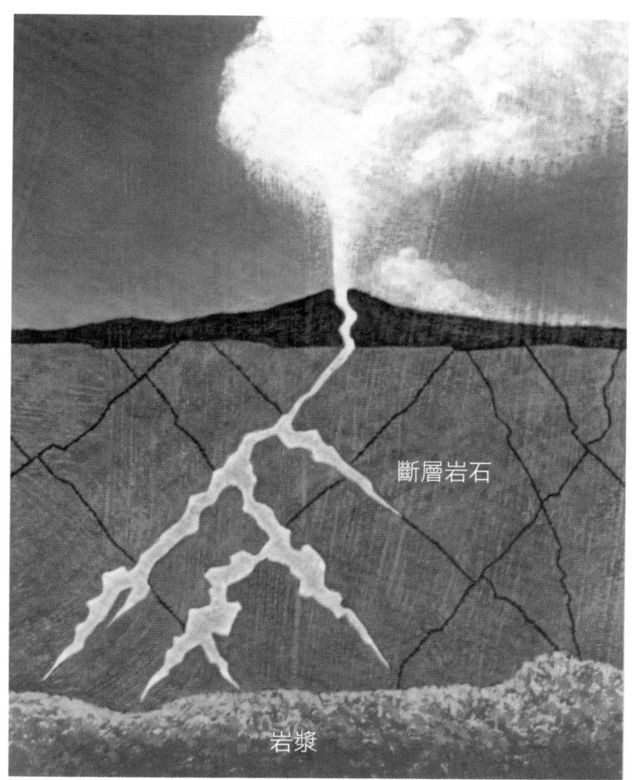

▲間歇泉噴發示意圖

間歇泉的通道上層狹窄上層的冷水像個蓋子，使下層沸水受壓力愈來愈大，終於沖開蓋子噴發出來。

西藏是目前中國境內發現間歇噴泉的唯一地區，共有間歇噴泉區三處。高溫間歇噴泉是自然界一種奇特而又罕見的氣、水兩相顯示，它是在特定條件下，地下高溫熱水作週期性的水氣兩相轉化，因而使泉口間斷地噴出大量水氣混合物的一種水熱活動。相鄰的兩次噴發之間，有著相對靜止的間歇期。

岡底斯山南麓的昂仁縣搭各加間歇泉區位於多雄藏布河源，海拔大約5,000公尺，共有四處間歇噴泉，都坐落在高15～30公尺的大型泉華臺地上。最大的一處泉口直徑只有30公分，泉口東面有直徑2公尺的熱水塘由一條裂隙連通。這個間歇泉活動比較頻繁，每次噴發高度由一、二公尺至十餘公尺不等。噴發延續時間也很不一致，短的一瞬即逝，長的可達十餘分鐘。

每次較大的噴發來臨之前，泉口及旁邊熱水塘的水位緩緩抬升，隨後泉口開始噴發，水柱自低而高，然後回落。有時則經過幾次反覆才達到激噴，氣水柱一下子上升到10公尺左右，持續片刻後漸漸下降，有時則又回折，幾經反覆直至停息。其中有一次特大噴發，隨著一聲巨響，高溫氣、水流突然衝出泉口，即刻擴展成直徑2公尺以上的氣、水柱，高達20公尺左右，柱頂的蒸氣團不斷騰躍翻滾，直搗藍天。

這種奇特的、交替變幻的噴發和休止，決定於它奇妙的地下結構和熱活動過程。間歇噴泉通常位於堅固的泉華臺地上，其下有體積龐大的「水室」和四周的給水系統，底部有高溫熱水或天然蒸氣加熱，還有細長喉管直達地面的抽送系統，酷似一個完整的天然「地下鍋爐」。隨著水室受熱升溫，汽化上下蔓延，至水室內具備全面沸騰的條件時，驟然汽化所產生的膨脹壓力透過抽送系統把全部氣水混合物拋擲出去，構成激噴。水室排空後重又蓄水、加熱，孕育再一次噴發。

位於拉薩市西北90公里的羊八井盆地海拔4,200公尺左右，也是典型水熱爆炸類型的熱田之一。這裡一些巨大溫泉和熱水湖蒸氣升騰而成高十餘公尺的幾座白色氣柱，看起來十分壯觀。

羊八井地熱田的發電潛力為17.9萬千瓦，如果全部開發出來可以完全滿足拉薩市及其附近地區的電力需求。

西藏地熱之謎仍有待於進一步研究。

▸西藏羊八井地熱田

「雪的故鄉」喜馬拉雅山之謎

源自梵文的「喜馬拉雅」一詞，原意為「雪的故鄉」。它全長2,400公里，寬200～300公里，主脈山峰平均海拔達6,000公尺，是地球上最高且最年輕的山系。

高聳挺拔的喜馬拉雅山脈東西橫亙，逶迤綿延，呈一向南凸出的大弧形矗立在青康藏高原的南緣。喜馬拉雅山系由許多平行的山脈組成，自南而北依次可分為山麓、小喜馬拉雅山和大喜馬拉雅山三個地帶。大喜馬拉雅山寬50～90公里，地勢最高，是整個山系的主脈。

位於中尼邊境中部的喜馬拉雅山，雪峰林立，有數十座海拔7,000公尺以上的山峰。在這一地區，海拔8,000公尺以上的極高峰也比較集中，僅在中國境內的就有五座，即珠穆朗瑪峰、洛子峰、馬卡魯峰、卓奧友峰和希夏邦馬峰。它們和境外的干城章嘉峰、馬納斯仟峰、道拉吉里峰及安那魯納爾峰等海拔8,000公尺以上的山峰共同組成喜馬拉雅山系的最高地段。

喜馬拉雅山脈的南北翼自然條件差異顯著，動物和植物的種類組成截然不同。這種懸殊的自然景觀十分奇特，讓人不得不驚嘆大自然的造化之功。以喜馬拉雅山脈中段為例：中喜馬拉雅山的南翼山高谷深，具有濕潤、半濕潤的季風氣候特點。在短短數十公里的距離內，相對高差達6,000～7,000公尺，垂直自然帶十分明顯。

海拔1,000公尺以下的低矮山地及山麓地帶是以婆羅雙樹為主的季雨林帶。海拔1,000～2,500公尺的地方為山地常綠闊葉林帶，與中國亞熱帶的常綠闊葉林類似，主要有栲、石櫟、青

▼遠望喜馬拉雅山群峰

▲一隊登山者沿危險的雪檐小心攀登。喜馬拉雅山脈巍峨的山峰環峙，相形之下，人顯得格外渺小。

岡、楨楠、木荷、樟、木蘭等常綠樹種。林木蓊鬱，有多種寄生植物及藤本植物雜生其間。森林中常可見到長尾葉猴、小熊貓、綠喉太陽鳥等，表現出熱帶、亞熱帶生物區系的特點。

海拔2,100～3,100公尺的地方為針闊葉混交林帶，主要由雲南鐵杉、高山櫟和喬松等耐冷濕、耐乾旱的樹種組成。植物組成具有過渡特徵，隨季節變化而作垂直的遷移。海拔3,100～3,900公尺的地方為以喜馬拉雅冷杉為主的山地暗針葉林帶。森林陰暗潮濕，地面石塊及樹木上長滿苔蘚，長松蘿懸掛搖曳，形成黃綠色的「樹鬍子」。林麝和黑熊等適於這種環境，喜食寄生在冷杉上的長松蘿。再往更高處為糙皮樺林組成的矮曲林，形成森林生長的上限。

森林上限以上，海拔3,900～4,700公尺的地方為灌木林帶。陰坡是各類杜鵑組成的稠密灌木

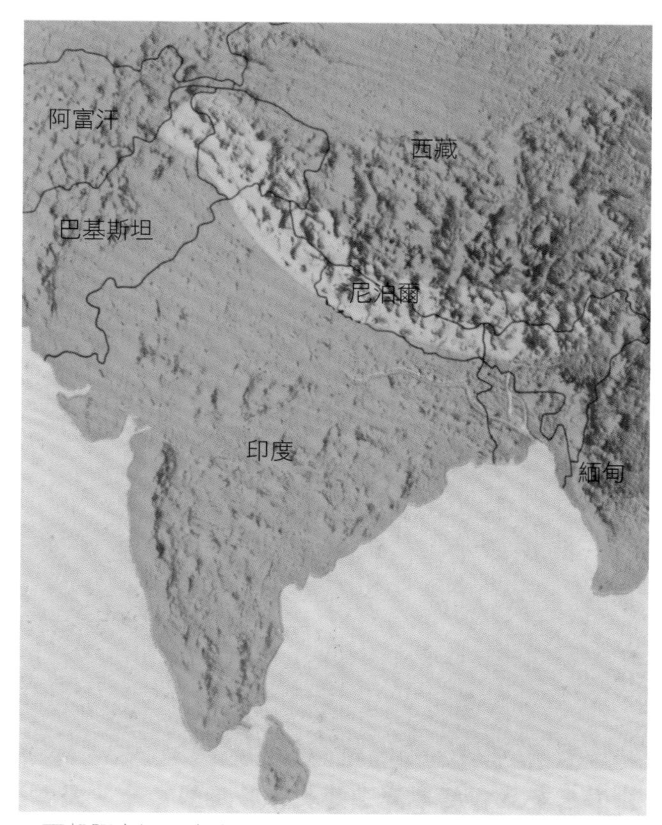

▲西起阿富汗，東迄緬甸，喜馬拉雅山脈形成一道大屏障，把印度次大陸與亞洲大陸隔開。

叢，陽坡則是匍匐生長的暗綠色圓盤狀的圓柏灌木叢。海拔4,700～5,200公尺的地方為小蒿草、蓼及細柄茅等組成的高山草甸帶。再往上則為高寒凍風化帶及其上的永久冰雪帶。

中喜馬拉雅山北翼高原上氣候比較乾旱，沒有山地森林分布。在海拔1,000～5,000公尺的範圍內生長著以紫花針茅、西藏蒿和固沙草等為主的草原植被，組成高山草原帶。這裡的動物多為高原上廣布的種類，如藏原羚、野驢、高山田鼠、藏倉鼠、高原山鶉、褶背地鴉等。海拔5,000～6,000公尺的地方為以小蒿草、黑穗苔草等為主的高寒草甸以及座墊植被帶。主要動物有喜馬拉雅旱獺、岩羚羊和藏倉鼠等。海拔5,600公尺至雪線6,000公尺間寒凍風化作用強烈，地面一片石海，只有地衣等低等植物，形成黃、橙、綠、紅、黑、白等各種色彩，組成獨具一格的圖案。

喜馬拉雅山脈的東、西、中各段也有明顯差異。東段比較濕潤，以山地森林帶為主，南北翼山地的差異較小；西段較乾旱，分布著山地灌木叢草原和荒漠；中段地勢高聳，南北翼山地形成鮮明對照。

喜馬拉雅山的頂峰終年白雪皚皚，在陽光映照下，更顯得晶瑩剔透、絢麗多彩；一旦漫天風雪來臨，它就被裹上一層乳白色的輕紗，猶如從

▼珠穆朗瑪峰夕照

▲胡兀鷲

為鷹科中大型猛禽之一。在空中盤旋覓食持續時間可達10小時，飛行高度能達八千多公里，可以飛越珠穆朗瑪峰。

茫茫太空中飄來的一座玉宇。

千百年來生活在喜馬拉雅山區的人們，利用河流切穿山脈的山口地帶，南北穿越通行。喜馬拉雅山區的農業開發歷史約有六百多年。

藏族和其他民族在河谷階地和緩坡上開墾耕地，修築梯田，他們把耕地分成「巴莎」（上等地）、「夏莎」（中等地）和「切莎」（下等地）等類別，開挖管道，引雪水灌溉，種植青稞、燕麥、玉米等作物，在長期的生產實踐中，積累了豐富的經驗。他們根據高山冰雪消融引起的河流水量的不同，來判斷氣候的變化。他們看山影，觀候鳥，觀察報春花發芽、長葉和開花等物候現象，來掌握播種時節，安排田間管理。這些豐富的經驗，對於發展喜馬拉雅山區的農牧業有很實用的價值。

山體呈巨型金字塔的珠穆朗瑪峰巍然屹立，為群峰之首。最先發現和熟悉此一世界最高峰的是中國的藏族和尼泊爾人民。在西藏的歷史記載和傳說中，也流傳著不少關於珠穆朗瑪峰的故事。據西藏佛經記載，藏王下令把這個地區作為供養百鳥的地方，當地的喇嘛教則把所有的鳥視為神。尼泊爾人民稱它為「薩加瑪塔」，這是一個梵語複詞：「薩加」意為「天」，「瑪塔」意為「頭」或「山峰」，兩個詞合在一起便是「高達天庭的山峰」或「摩天嶺」之意。十八世紀初，中國測量人員測定了珠穆朗瑪峰的位置，並把它載入西元1719年銅版印製的《皇輿全覽圖》。

為了攀登珠穆朗瑪峰，從西元1921年到1938年，英國人在北坡進行過多次嘗試，但都沒有成功。西元1953年5月29日，人類首次從南坡登頂征服了世界最高峰，其中一個是尼泊爾謝爾巴族人，另一個為紐西蘭人。西元1960年5月25日，中國登山隊王富洲等三人第一次從北坡登上珠穆朗瑪峰，在世界登山史上寫下了光輝的一頁。

廬山佛燈光如何產生的？

據記載，歷代有很多人看過佛燈，許多文人騷客也為此留下了很多詩篇，其中著名的有南宋詩人范成大的〈最高峰望雪山〉，明代學者王陽明的〈文殊臺夜觀佛燈〉等。而事實上，佛燈現象並不常見，即便是住在廬山幾十年的人也很難看到一次，這就給研究者帶來重重困難，也讓它成了一個至今懸而未決的千古疑謎。

西元1961年秋，中國著名地理學家竺可楨在考察廬山後，特地將佛燈作為廬山大自然的三個謎題（佛燈誰點燃？廬山雲霧為何有聲音？廬山雨為何自下往上跑？）之一，向廬山有關研究單位提出，希望科學家能認真予以研究。

據過去的記載及目擊者的描述，佛燈的顏色有白、青、藍、綠等色，很像天上的星星，而且佛燈主要在山下，高度很低，忽明忽滅，閃爍離合。

根據上述佛光的幾點共性，有的研究者認為它很可能是山下燈光的折射，還有人認為是星光在水中的反射，也有人說是一種大螢火蟲在飛舞，更有推測說是山中蘊藏著鐳或金等發螢光的礦石。然而最普遍的解釋是磷火說，認為佛燈即民間所說的「鬼火」，係山中千百年間死去的動物骨骼或地層中所含的磷質，與空氣中的水分發生作用，產生磷化氫和四氧化二磷氣體，它們在空氣中極易自燃，因比空氣輕而隨風飄動，故有閃爍離合的景象。由於磷化氫燃燒時光不強，所以必須是在沒有月光的夜晚才能看到。

▲金頂佛光

但也有人認為磷火說的說法有很多漏洞，一是磷火多貼著地面緩緩遊動，不可能飄得很高，更不會「高者天半」或「有從雲出者」；二是磷火的光很弱，廬山文殊臺和青城山神燈亭的海拔皆在1,000公尺以上，峨嵋金頂海拔超過3,000公尺，不可能看得那麼清楚。

西元1981年12月14日，廬山雲霧所收到海軍航空兵老飛行員郭憲玉的來信，他對佛燈的來源提出了一個全新的看法，認為那是「天上的星星反射在雲上的一種現象」。他說，在沒有月亮的晚上飛行，飛機下面鋪天蓋地的雲層就像一面鏡子。從上往下看不易看到雲影，只看得到雲層反射的無數星星。飛行員在這種情況下易產生「倒飛錯覺」，就是感覺天地不分，甚至會覺得是頭朝下倒著飛行。從而聯想到天黑的夜晚，若有雲層飄浮在大天池文殊臺下，把天上的群星反射下來，就有可能出現佛燈現象。由於半空中的雲層高低不一，飄移不定，所以它反射的熒熒星光也不是固定的，也許在這個角度反射一片，在那個角度就反射另一片，從而映出了閃爍離合、變幻無窮的迷離景象。

這種雲層反射星光的現象應該是相當普遍的，而佛燈卻並非每處高山都能見到，唯獨在青城山主峰高臺山頂上清宮旁的神燈亭、峨嵋山的金頂睹光臺和廬山大天池的文殊臺才會出現，可見這一說法也不足以定論。

那麼佛燈的成因又是什麼呢？它與廬山所處的地理位置有什麼關係呢？尚待進一步的研究。

▲峨嵋雲海浮金頂

▼佛光奇觀

樂山臥佛是神的傑作嗎？

西元1989年5月11日，廣東省順德縣沖鶴鄉六十二歲的老者潘鴻忠到四川樂山遊覽。乘船回航時，他偶然地回頭望向對岸古塔，見塔的周圍正在搭架重修。此時天氣晴朗，山水雲天頗具畫意，他便拿起相機拍了一張風景照。5月25日，回到家的潘先生將洗好的照片拿出來看，友人們都稱讚不已。潘老也在旁一起欣賞，當看到那張古塔風景照時，他突然覺得照片裡的山形恰如一健壯男子仰臥，細看頭部，眉目更是傳神。興奮不已的他連忙向眾人展示照片，觀者無不嘖嘖稱奇。

潘老將此照印製多份寄到相關部門。一天，四川省文化廳文化通訊室甘德明收到了潘老拍攝的樂山巨佛照片。這個從事文化事業幾十年的職員，手執照片，禁不住地叫出聲來：「這不就是一尊臥佛嗎！」從照片上看去，實有一巨佛平平靜靜地睡躺在江面上，仰面朝天，高突的前額，圓潤的鼻唇，四肢皆備。儘管如此，僅憑一張照片並不能確認其事，甘德明決定親自前去考證。

隨後，一支由甘德明等人組成的樂山巨佛考察隊出發了。考察隊首先向潘老詢問了拍照的時間地點及當時的情景。經過一個月的仔細考究，終於在名曰「福全門」的地方照下了巨佛身影。據考察者認為，唯有此地才是最佳的觀賞地點。從樂山河濱「福全門」處舉目望去，清晰可見巨佛仰睡在青衣江畔的魁梧身軀，對映著湍流的河水，巨佛似乎在微微起伏。那形態逼真的頭、身、足，分別由烏尤山、凌雲山和龜城山三山構成。

仔細觀察整座烏尤山便是佛像頭部，其山石、翠竹、亭閣、寺廟，加上山徑與綠蔭，分別呈現為巨佛捲曲的髮鬢、飽滿的前額、長長的睫毛、平直的鼻樑、微啟的雙唇、線條剛毅的下頜，看上去栩栩如生；再詳視佛身，那是巍巍的凌雲山，有九峰相連，宛如巨佛寬厚的胸脯，渾圓的腰

▾ 樂山臥佛

▲佛首

脊，健美的腿胯；遠眺佛足，實際上是蒼茫的龜城山的一部分，其山峰恰似巨佛翹起的腳板，顯示巨佛的無窮神力。

綜觀整座佛像和諧自然、勻稱壯碩的身段，凝重肅穆的神態，眉目傳神，慈祥自如，令人驚詫不已。全長達四千餘公尺，堪稱奇絕。

然而，更令人稱奇的是那座天下聞名的樂山大佛雕像，恰恰矗立在臥佛的胸膛上。這尊世界最高最大的石刻坐佛，身高達71公尺，安坐於臥佛前胸，正應了佛教所謂「心中有佛」、「心即是佛」的禪語，這是否就是樂山大佛所暗示的「天機」呢？

無庸置疑地，樂山臥佛已成為相當重要的旅遊景點。那麼，它是怎麼形成的呢？這是留給世人的一個謎。現在有一種推斷：據《史記．河渠書》記載：「蜀守冰，鑿離堆，辟沫水之害。」文中所指「冰」者即為李冰，是中國古代著名水利工程都江堰的創建者，「離堆」指的便是烏尤山。那麼，應該在二千一百多年前古人就鑿開麻浩河，造就了巨佛的頭。唐代僧人惠淨為烏尤山立下法規：任何人不得隨意挪動和砍伐烏尤山的一石一草一樹，代代僧眾都視此為神聖不可違背之法規，因而才確保了烏尤山林木繁茂，四季常青，使「佛頭」千年完美無損。民間曾傳說唐代觀音菩薩的化身叫「面然」，就是指「烏尤大士」之意。那麼，是否那時的人對烏尤山即是「佛頭」已有所覺了呢？

但據研究樂山大佛文化和文物部門的專家們的報告，迄今為止還沒有發現和聽說關於臥佛的文字記載或民間傳說。那麼，臥佛的出現是純屬山形地貌的巧合嗎？但為何佛體全身人工的刀跡斧痕比比皆是呢？又為什麼在一千二百多年前的唐代開元年間，海通法師劈山雕鑿樂山大佛時，偏偏選中了凌雲山西壁的棲鸞峰，並雕在臥佛胸口處呢？

昔日烏尤寺的僧人身居佛中卻未知有臥佛，今日一經旁人點破，回首再看烏尤山，竟猶靈佛所致。

除了臥佛形成之謎以外，再就是「福全門」之謎了。據四川省文化廳考察組報告說，要看到楚楚動人的巨佛身形，其最佳位置便是「福全門」。其他任何一處觀賞的效果都不是最好，或是看上去身首異處；或是佛頭樣貌看不清楚；或是無法看到完整的佛身。是不是先人故隱「玄機」，以「福」喻「佛」，其寓意指若要觀賞到臥佛全身，唯有在「福全門」此處呢？

如今前來樂山觀賞這座巨大臥佛的遊客絡繹不絕，也有許多外國旅客慕名而來，其中不乏許多對此興致高昂的考古學者；期待他們終有一天能解開巨隱臥佛之謎。

▲樂山大佛全貌

莫高窟為何有萬道金光？

敦煌自古以來有不少謎流傳，莫高窟出現的萬道金光就是其中之一。

雨過天晴、空氣清新的清晨或黃昏之時，如果從敦煌城驅車沿安敦公路向東南而行，就會被幾十里以外的三危山呈現的奇特景象所吸引。只見這座陡然崛起、劈地摩天的大山之巔在朝陽或落日餘暉的照耀下，放射出五彩繽紛的光芒。

莫高窟的這種奇特景象，千百年來引來無數人的矚目。最早記錄這一現象的，是唐朝聖曆元年（西元698年）李克讓的《重修莫高窟佛龕碑》。碑文記載：「莫高窟者，厥初秦建元二年，有沙門東僧，戒行清虛，執心恬靜，嘗杖錫林野，行至此山，忽見金光，狀有千佛，遂架空鑿岩，造窟一龕……」文中所指的山即三危山，所造的龕像就是敦煌千佛洞最早的一座洞窟。

中國最早記載山川地形的《尚

▾莫高窟

俗稱千佛洞，坐落在敦煌縣城東南25公里的鳴沙山斷崖上，是一座中外聞名的藝術寶庫。

▲土墩塔

歷來在莫高窟修行的高僧甚多，他們死後皆葬於此。圖中的土墩塔即是高僧們的舍利塔。

書．禹貢》中就有「竄三苗于三危」的話，可見早在新石器晚期，這裡就有人類活動了。據《都師志》「三危」條下注釋：此山之「山峰聳峙如危欲墜，故云三危」。三危山也由此而得名。若登上山巔，可東望安西，西盡敦煌，山川林木盡收眼底，所以古來又有「望山」之稱。

對於莫高窟的佛光，科學界存在兩種解釋。第一種解釋是，三危山純為沙漿岩層，屬玉門系老年期山，海拔高度約1,846公尺，岩石顏色赭黑相間，岩石內還含有石英等許多礦物質，山上草木不生。由於山岩成分和顏色較為特殊，因而在大雨剛過、黃昏將臨，空氣又格外清新的情況下，經落日餘暉一照，山上的各色岩石便同岩面上未乾的雨水及空氣中的水分一起反射出五彩繽紛的光芒，展現萬道金光的燦爛景象。

另一種解釋是：莫高窟修造在鳴沙山東麓的斷崖上。崖前有條溪，在唐代叫「宕泉」，現今叫大泉河。河東側的三危山與西側的鳴沙山遙遙相望，形成一夾角。傍晚時分，即將西落沉入戈壁瀚海的落日餘暉，穿透空氣，將五彩繽紛的萬道霞光灑落在鳴沙山上，反射出萬道金光；這正是我們有時看到「夕陽西下彩霞飛」的壯麗景象。

無論這個所謂的「金光」是出現在三危山還是鳴沙山，它都是一種特殊條件下的自然現象，究竟何種解釋更為客觀，仍有待進一步的探索，以揭示謎底。

▲莫高窟九層樓

此樓是莫高窟的象徵，裡面是一尊九十多公尺高的大佛。

土耳其地下城市建造之謎？

由火山熔岩侵蝕而成的卡帕多西亞高原位於土耳其境內，面積4,000平方公里。迄今為止，人們在這裡已發現了三十六座地下城市。熟悉這一帶的人認為，地下城市的數量肯定遠不止這些。這些地下城市大多是十三層以上的立體建築，人們甚至在最低的一層發現了閃米特時代的器物。現在人們已經描繪出這些城市的俯視圖，地下城市相互間以一系列地道連接在一起，其中連接卡伊馬克徹和代林庫尤的地道，就有10公里長。地下城裡有儲物室、起居室、水井、通風井、捉拿入侵者的陷阱，每間房舍都能容納數千人。

關於卡帕多西亞地下岩洞的存在和消失，史書上全無記載，始終是未解之謎。最早發現此一奇蹟的是一名訪問土耳其的法國密使，他是法國國王路易十四（西元1643～1715年）所派。他偶然經過此地，見到這些不可思議的、已被廢棄的岩洞教堂群，一回歐洲便宣布了這個重大發現。然而，起初卻沒人相信他的「神話」，人們都說他是瘋子，世上哪有如此美妙的地方。後來消息傳開，漸漸有人前來探訪，土耳其也有移民前來墾荒。二十世紀初，這裡才開始有稀稀疏疏的村落，居民大都利用廢棄的洞穴安身。人們與洞穴為伴，習以為常，並未引起考古學家的注意。

直到西元1963年，特蘭古丘村一農民灌地時，在他院子地下忽然掘出一個洞口。在其他村民的協助下，他架著梯子進入井口，通過八層過道，見到一個有如迷宮的地下村落。這個爆炸性的消息，引起舉世矚目，從此人們開始了有系統的考古發掘。

卡帕多西亞地下岩洞都有門有窗，還有些門洞離地面6公尺以上，要費很大的勁才能爬進去。頂部鑿成圓穹，底部鑿留圓柱、攻門、臺階，四面琢磨出十字架、神像、神龕、祭壇，還繪有壁畫。很顯然的，這些洞穴是一個個玲瓏的教堂，小教堂可容幾十人，大教堂可容上百人。這些岩洞打通後由地道串聯起來，就成了四通八達的村落。

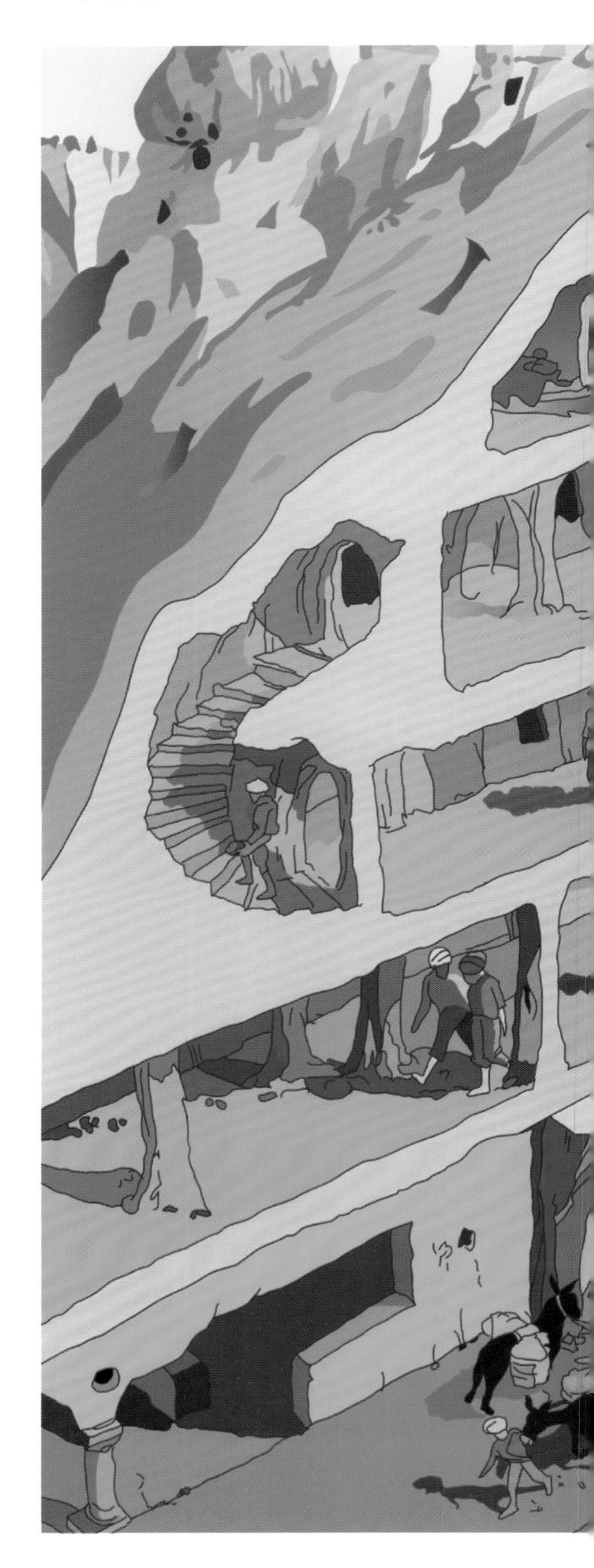

▼地下城示意圖

地下城市各區都有街道相連，不可進入之處則裝有滾輪門。
天井通到城內，落下的雨水滲進地底，成為地下水。
1.通風井　2.箱式床　3.地下街道　4.滾輪門　5.小教堂

在純粹手工勞作的年代，沒有開鑿的機械和運輸的車輛，如何從堅硬的熔岩層中挖出這麼大的空間，清運出這麼多土石？卡帕多西亞地下岩洞的工程絕不亞於埃及金字塔。那麼是以什麼神力完成了這個浩大的工程？規模如此龐大的地下城是什麼時候建成的？是誰建造的？它的用途又是什麼呢？

據史料記載，在基督教早期，這一新生宗教的信徒為了尋找避難之處來到此地。最早的一批大約在西元二世紀或三世紀，之後一直延續到拜占廷時期，也就是阿拉伯軍隊攻打君士坦丁堡（即今日的伊斯坦堡）的時候。但反對此種說法的人提出，當時的基督教徒的確曾在這裡避過難，然而他們並不是真正的建造者，在他們到來之前地下城市就已存在。那麼地下城市到底是誰在什麼時候修建的呢？目前仍沒有明確的解釋。

但有一點可以肯定的是，這一帶的地基是由凝灰岩構成的，因為附近就是火山群。從地質學角度來看，約在八百萬年前卡帕多西亞是火山活動的中心，後經風化侵蝕，其他鬆質灰岩被沖走，玄武岩層留了下來，形成了今日所見的岩錐、懸崖地貌。這裡的地層並非「死硬」，而是一片片玄武岩硬殼包著鬆軟的凝灰岩。火山噴發劇烈時，也可能留下隧洞式的熔洞。只要有黑曜岩（即火石），地基就十分容易被鑿空，而火山在這一地區十分常見。就這樣，也許花了不過一代人的時間，地基就被掏空了。

問題是人們為什麼要修建這些地下城市？為

▼格雷梅國家公園

位於土耳其安納托利亞高原中部的火山地帶中，面積為96平方公里。這裡有許多火山爆發形成的溶洞以及變化萬千的石林。

▲卡帕多西亞像迷宮一樣的洞窟
洞窟內不但有換氣用的煙囪，還有汲水的地方，洞窟裡還建造了許多修道院和教堂。

什麼要躲藏在地下？一個最有可能原因是由於對敵人的畏懼。那麼敵人又會是誰呢？

但是在地面上的敵人肯定會發現耕種過的土地和沒有人煙的房屋。而地下城市裡建有廚房，炊煙通過通氣井冒出地面，很容易被敵人發覺。人們都知道，要把待在地下城市裡的人餓死或者封閉通氣通道讓他們窒息而死是一件輕而易舉的事。由此看來，人們恐懼的似乎不是地面上的敵人，而是能飛行的敵人。

根據閃米特人的聖書《科布拉·納克斯特》中的記載，所羅門大帝曾經利用一架飛行器把這一地區搞得雞犬不寧。除了他本人以外，他兒子及所有服從他的人，都曾乘坐過飛行器。阿拉伯歷史學家阿里·瑪斯烏迪曾描述過所羅門的飛行器，並大致介紹他的部族。當時的人出於對飛行器的恐懼而建立了地下城市，這是很有可能的。也許他們曾被剝削、奴役過，所以每當警報響起來的時候，就紛紛逃進地下城市。不過這種說法也僅僅是一種推測。單單根據閃米特人聖書中的記載，並不能讓人信服。

今天的卡帕多西亞欣欣向榮，昔日的石穴有的改造為住宅，有的整修成旅館、飯店，招攬遊客。大的洞穴飯店高達6公尺以上，可同時容納上百人進餐。依山興建的現代化旅遊設施、電燈、電話與中世紀洞穴相映成趣，別具一番風味。

▲戈爾米石頭教堂

黃土的「原籍」在哪裡？

▲黃土高原的地貌
溝壑縱橫，蔚為奇觀。

中國西北部的黃土高原東到河北省與山西省交界的太行山，西至甘肅省烏鞘嶺和青海省的日月山，南到渭河谷地關中平原以北的廣大地區，北至長城，約占中國國土面積的二十分之一。

黃土高原海拔約為1,000～1,500公尺，高原上的黃土主要是一種未固結、無層理的粉沙。厚厚的黃土完全掩蓋這裡早期形成的地形，土層厚度達30～50公尺，最厚的地方甚至超過200公尺。黃土由西北向東南方向逐漸變薄，顆粒由粗變細。這種黃土地貌在世界上許多地區都能看到，如歐洲、南北美洲就有些地方也分布著黃土，但它們的面積和厚度卻無法與中國西北部的黃土高原相提並論。

黃土富含鈣質結核及易溶鹽，石英、雲母、長石、電氣石、角閃石、綠簾石等許多細粒礦物是黃土的主要成分，約占70%，剩下的部分則是黏土礦物。如此大面積的黃土是從哪兒來的呢？它又是怎麼形成的呢？

地質學家為了解釋這些問題，綜合運用地層、古生物、古氣候、物質成分與結構及年代學等領域的知識進行研究，提出了二十多種黃土形成的假說。現在影響較大的有四種學說，它們是水成說、殘積說、風成說及多成因說。這四種學說的主要分歧點是黃土物質的來源及黃土本身的屬性等問題。

大多數學者都贊同風成說的觀

▲咆哮的黃河

黃土高原水土流失嚴重，大量泥沙匯入黃河之中，泥沙的含量是世界上所有河川中最高的。

點。特別值得一提的是，魯迅先生也支持這種觀點。魯迅先生在一篇地質佚文中這樣寫道：「中國黃土高原為第四紀初由中亞沙漠獨藉風力，揚沙而東形成，並引起河水變黃成為黃河。」現代學者以大量的事實為基礎，分析黃土物質的基本特點後，得出「中國大面積的沙漠可能是黃土源」的結論，並且認為搬運黃土物質的主要動力是風力。黃土高原的形成過程是地質歷史中一種綜合的地質作用，存在著物源的形成、搬運、分選及堆積成土這三個不同的階段。

地質學家認為，今天的黃土高原所在地在第三紀末或第四紀初的後半期時，氣候潮濕多雨，河流及湖盆眾多，各種流水地質作用盛行。在河水的作用下，低窪盆地中堆積了基岩山區中大量的洪積、沖積、湖積、坡積及冰積物，鬆散沙礫及土狀混合堆積變得愈來愈厚，黃土物質因此有了生長的基礎。

在大約距今一百二十萬年前的第四紀後半期，發生全球性的氣候變化，溫度急遽變冷，由潮濕轉為冷乾，新的冰期到來。中國西北部地區

▲黃土高坡牧羊
這裡是中國重要的牧區。

在西伯利亞——蒙古高壓氣流的影響下，冷空氣長驅直入，並受祁連山的影響分為兩支，一支轉向東南，形成西北風進入鄂爾多斯地區；另一支向西南形成東北風進入塔里木盆地和柴達木盆地。與此同時，來自蒙古的西風及西伯利亞的西北風分別進入中國新疆東北地區的準噶爾盆地。堆積在基岩山區的部分堆積物及盆地中的鬆散物質被強大的風力重新揚起，隨風飄流、搬運、分選，然後分別沉積下來。日復一日，年復一年，各種堆積物越來越多，今天西北地方的礫漠、沙漠和厚層的黃土堆積也就逐漸形成。

另外三種關於黃土形成的假說，影響並不太大。水成說認為，流水作用使得黃土由不遠的物源區搬遷堆積而成；殘積說則認為基岩風化就地成土，導致了黃土的形成；而多成因說則認為黃土是上述幾種因素共同作用而形成的。

時至今日，儘管四種假說都有一定的道理，但風成說還是在學術界占有絕對的優勢。但是若要否定水成說、殘積說等假說，也沒有足夠的證據。近幾年，多成因說又重新抬頭，向風成說提出了挑戰，並且它也似乎比其他假說更為合理。孰是孰非，還很難分辨。究竟黃土高原之謎何時才能揭開呢？這只能寄託希望於科學家的研究了。

沙漠 黃煙之謎

The Mysteries of Natural Phenomena

鬼哭神號的魔鬼城

這是一個杳無人煙卻又熱鬧非凡的「城市」。當晴空萬里、微風吹拂時，人們在城堡中漫步，耳邊能聽到一陣陣從遠處飄來的美妙樂曲，彷彿千萬個風鈴隨風搖動，又宛如千萬根琴弦輕輕彈撥。可是旋風一起，飛沙走石，天昏地暗，那美妙的樂曲頓時變成了各種怪聲：像驢叫、馬嘶、虎嘯……又像是嬰兒的啼哭、女人的尖笑；繼而又像處在鬧市中：叫賣聲、吆喝聲、吵架聲不絕於耳；接著狂風驟起，黑雲壓頂，鬼哭狼嚎，四處一片迷離……城堡被籠罩在一片濛濛的昏暗中。

這座神奇的「城市」位於新疆克拉瑪依市烏爾河區東南5公里處，方圓約187平方公里，地面海拔350公尺左右。獨特的雅丹地貌使這片地區被稱為「烏爾河風城」，當地人稱之為「魔鬼城」。

「雅丹」是維吾爾語，十九世紀末至二十世紀初，瑞典人斯文赫定和英國人斯坦因遠赴羅布泊地區考察，在撰文時採用了這個辭彙。於是，「雅丹」一詞就成了世界上地理學和考古學的通用術語。在地質學上，雅丹地貌專指經長期風蝕，由一系列平行的壟脊和溝槽構成的景觀。「雅丹」

地貌通常發育在乾旱地區的湖積平原上，新疆羅布泊東北處就是個典型的例子。世界各地的不同荒漠，包括突厥斯坦荒漠和莫哈韋沙漠在內，都有這種地形。究竟是誰建造了這種奇特的地貌，無數奇異的聲音又是從哪兒來的呢？

據說，在距今約一億年前的白堊紀，「魔鬼城」原是一個巨大的淡水湖泊，後經兩次地殼變動，湖泊變為一片廣闊的沙漠，遍布著沉積岩和變質岩。千百萬年風雨的侵蝕造就了深淺不一的溝壑，裸露的岩層被風雨雕琢成各種奇異的形

▼風蝕柱

風力對地貌的塑造具有特殊的意義，魔鬼城等特殊地貌就是風神的傑作。

▼羅布泊周圍發育典型的雅丹地形

置身於這片撲朔迷離、深邃遼闊的土臺群中，滿目皆是神祕又奇特怪異的「亭臺樓閣」，使人浮想聯翩。

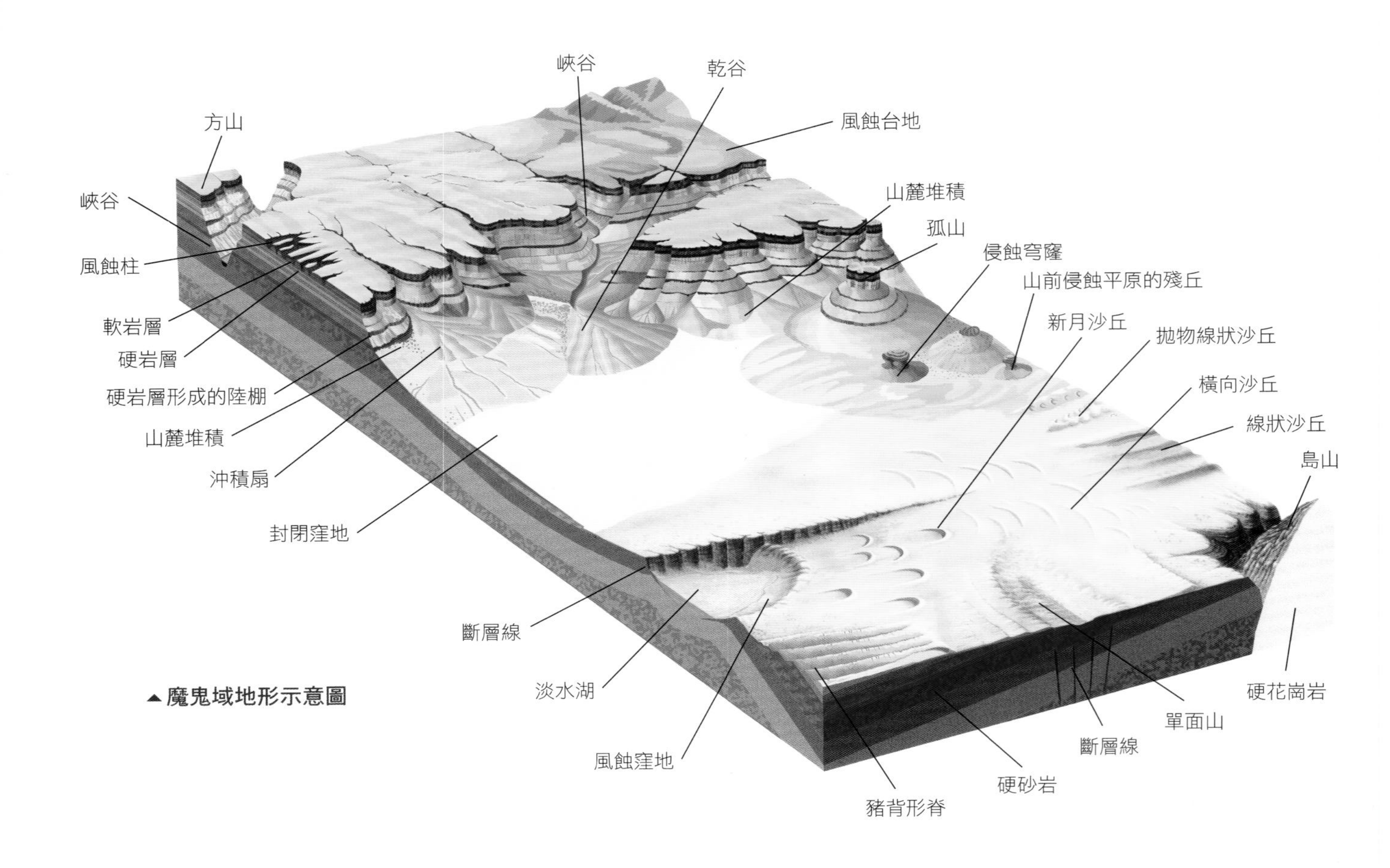

▲魔鬼域地形示意圖

態。這裡盡是些形狀奇異、大小不等的土阜、土丘，有的拔地而起，如柱、如傘；有的匍匐在地，似獅、似虎；有的怪異，像神仙、像鬼怪；有的肅穆莊重，像城堡、像營帳……。

乾旱區的湖泊，在形成歷史中往往包括反反覆覆的水進水退，因而發育成上下疊加的泥岩層和沙土層。風和流水帶走疏鬆的沙土層，緻密的平臺形高地在暴雨的沖刷下其節理或裂隙加寬擴大，加上強風的不斷剝蝕，風蝕溝谷和窪地逐漸分開形成孤島狀的平臺小山，後者演變為石柱或石墩。巨大的墩臺高達12～20公尺，側壁陡立，極難攀爬。從側壁斷面上可以清楚地看出沉積的層理；下部是厚厚的灰綠色砂層，最上面是一層淡紅色的粉砂黏土層，這是由於碳酸鈣膠結得非常堅硬，而形成一個保護層，使土丘頂面非常平坦。每當颳起大風，嗚嗚的風聲在此處有如鬼哭狼嚎，令人毛骨悚然，「魔鬼城」一名便是由此而來。

「魔鬼城」就像一個傾頹的古城，縱橫交錯的風蝕溝谷是街道，石柱和石墩是沿街而建的樓群。各式各樣的造景地貌琳琅滿目，唯妙唯肖，置身魔鬼城定能使你的想像力得到最大限度的發揮。其實這裡存在著真正的古城堡建築、古民房遺址──艾斯克霞爾古城堡：風蝕臺上還存有長方形的土夯建築，高約5公尺，這裡曾是古絲路的驛站。據當地人推測，此地西面的湖泊乾涸之前，這裡也有村莊人家，當水源遊移、湖泊消失後，林木飛鳥在風沙中，部分變為化石，而在此地居住的人只得離鄉背井、遠走他方，連先祖的遺骨也移走了。

科學家在經過實地考察後，指出「魔鬼城」實際上就是一個「風都城」，並沒有什麼鬼怪在興風作浪，而是肆虐的風在中間發揮著作用。在氣流的作用下，狂風將地面上的沙粒吹起，不斷衝擊、磨擦著岩石，於是各種軟硬不同的岩石在風的作用下便被雕琢成各式各樣奇怪的形狀。

「魔鬼城」的地層是古生代的沉積岩，多為侏儸系、白堊系的紅、黃、灰白及其過渡類型的彩色砂、泥岩，經過漫長歲月的積累，一層又一層相疊而成，厚薄不一，鬆實結合。又由於這裡屬於乾燥少雨的沙漠氣候，經過太陽的燒烤，大地在白天時一片灼熱，但晚上氣溫會驟然下降，冷熱變化十分劇烈。在熱脹冷縮的作用下，岩石便碎裂成許多裂縫和孔道。

沙漠地區的風面對著準噶爾盆地老風口，再加上長年受到從中亞沙漠地區而來的西北風的影響，這些風最大的風力可達10～12級，風力極強。夾帶著大量砂粒的狂風撲打在岩石上，經年累月地對那些有軟有硬的岩壁進行侵蝕，經過一段歲月，那些岩石也就被雕琢得十分精緻。

▲雨過天晴，「魔鬼城」上空出現一道美麗的彩虹。

但是，經過實地考察，雕琢「魔鬼城」的偉大工程師絕不只有「風」，「雨」這名工匠也參與其中，即流水的侵蝕、切割。那麼是否真的是「風吹雨打」就足夠了呢？謎底恐怕還要讓人費心思量了。

▼「魔鬼城」景色

「雅丹」地貌通常發育於乾旱地區的湖積平原上，由於湖水乾涸，黏性土因乾縮裂開，盛行大風沿裂隙不斷吹蝕，裂隙逐漸擴大，使原來平坦的地面演變成許多不規則的臺墩和寬淺不一的溝槽。

新疆大漠會再成為海洋嗎？

新疆維吾爾自治區位於中國西北部，是一片神奇的土地。巍峨的崑崙山、天山和阿爾泰山高高聳立；黃沙似海的塔克拉瑪干和古爾班通古特大沙漠靜靜地躺在那裡。可是，又有誰會想到，在很久很久以前，這個有著高山和沙漠的地方竟然是浩瀚的古地中海的一部分呢？

自然界的這一滄桑巨變，早在中國古代時就已被學者們發現了。宋代著名科學家沈括在太行山東側山石中發現蚌殼化石時，便據此作出了新疆以前曾是一片汪洋的推論。在現代地質學中，這些化石是記錄歷史變遷的最佳證據，今人正是憑藉這些動植物化石瞭解新疆的過去。

遠古時候的新疆與現在迥然不同。在五億年前的寒武紀，新疆既沒有崑崙山、天山和阿爾泰山，也沒有塔里木和準噶爾兩大盆地。新疆東北和東南有兩片古陸，西部是一片汪洋大海，稱「塔里木海盆」，也叫「塔里木海」，由於兩片大陸夾著一片海洋，使得整個塔里木海盆看上去像一個朝西開口的大喇叭。當時有許多原始的小動物生活在海裡，其中要數三葉蟲最為常見。在地殼變動中這些三葉蟲被沉積物掩埋，經過自然界的長期作用，最後變成了化石。現在，這種化石在新疆的許多地方都能找到。

▲天山的階梯帶

由冰川、雪山、森林、草原到荒山大漠，依高低變化。

距今大約三億年左右的石炭紀，新疆海域的範圍進一步擴大。當時，除了北面的阿爾泰山和南面的阿爾金山一帶島狀山地已屹立在海面上，整個新疆幾乎全都淹沒在海水之中。新疆北面是準噶爾海盆，也叫「準噶爾海」，這裡的海水主要來自東部；新疆南面是塔里木海盆，這裡的海水主要來自西面。而深深的天山海槽則位於這兩個海盆中間。由於中間沒有多少阻隔，南北兩個海盆當時可能是互通的。根據推算，那時的新疆海域面積十分廣闊，大小相當於現代的黃海和東海面積之和。

在那個時期，一些原始魚類的樣子其實和現代魚類已十分相似，只是各種器官的功能還不很完備。此外，珊瑚、帶殼的腕足動物、海百合等也已相當普遍。許多今天已經滅絕的植物如亞鱗木、星蘆木、羊齒、輪木等，在海濱地帶和海島上蓬勃生長。地質歷史時期有幾個氣候最溫暖、濕潤的時期，石炭紀便是其中之一。良好的氣候條件導致當時的物種繁衍空前繁

▲吐魯番盆地熾熱炎炎的火焰山
相傳唐僧取經由此取道而過。

盛，可以想像那時的新疆海域欣欣向榮的情景：蔚藍的海水拍打著岸邊礁石；淺水處，珊瑚爭豔，魚兒戲水；海濱地帶，高大的樹林枝葉在微風吹拂下歡樂地沙沙作響。真可說是生機盎然，令人嚮往。

到了石炭紀晚期，新疆的海水開始消退，塔里木海盆的東部已抬升成為陸地。新疆海域面積從那時起就開始不斷縮小。

新疆的海陸變遷在二億年前的二疊紀最為劇烈。大約二億三千年前，又一次強烈的地球構造運動拉開了帷幕，地質史上稱之為「華力西運動」。新疆在這次構造中出現了大規模的海退，海域面積急遽縮小。到二疊紀末期，新疆大部分已上升為陸地，只有最南邊的喀喇崑崙山和東崑崙

▼橫越塔克拉瑪干沙漠公路，有驚無險地體驗「死亡之海」的奇特魅力。

一帶仍在海中。這時的新疆已初具今天的規模，北面出現古阿爾泰山，中間是古天山，南面有古阿爾金山和古西崑崙山；古塔里木盆地和古準噶爾盆地也初步成形。這又一次的巨變使得新疆由滄海變成桑田。

二疊紀後，大約有六千萬年的時間，新疆的海陸形勢沒有改變。那時，僅僅是古地中海的北部邊緣有很淺的海水，而且時進時退，其聲勢和規模已完全不能與昔日相比。

新疆的再次改變發生在一億四千萬年前的白堊紀到三千六百萬年前的早第三紀。在這一時期內，塔里木盆地西部又經歷了一次較大的海進。海水由西邊的阿里萊海峽侵入，和田河以西塔里木地區首先被淹沒。海水一直往東推進，最後進入東塔里木區，庫車一帶也浸入了海中。這可能是中國西部的最後一次海進。當時的海水約深100公尺，不算太深，並且東西不平衡，西部略深些，愈往東愈淺。

在這個時期的海水中，體積微小的介型蟲和有孔蟲，比如形如小卵石、表面光滑的玻璃介，兩側長有突瘤的土星介及圖片狀幣蟲、圓片蟲等是海水中的主要生物。大量海生物死後，其屍體掩埋在沉積物中，經過反覆的物理化學變化，最後變成石油。

第三紀之後一次強烈的地質構造運動——新構造運動開始重新設計地球的樣子，地球的大部分地區因此又發生了一次滄桑巨變。正是因為新構造運動，地球上才出現了高山、盆地、大海和湖泊，並且與現在的布局大致相同。

新疆也受到了新構造運動的影響，自早第三紀以後，海水退盡，帕米爾高原出現，阿里萊海峽封閉了起來。自此之後，新疆始終保持著大陸的形式，海水再未進過新疆。由於新構造運動的影響，青康藏高原海拔升到五千多公尺的高度。帕米爾高原、天山、阿爾泰山也都相繼隆起，塔里木盆地和準噶爾盆地變為封閉的內陸盆地，新疆真正成為歐亞大陸的腹地。由於大陸性增強及氣候變乾，塔里木盆地和準噶爾盆地中出現了成片的沙漠，現代自然景觀開始形成。

既然新疆歷史上有過漫長的海洋時期，那麼

▲安吉海河資料——大地隆起的佐證

從現在的情況看，新疆還有可能再成為海洋嗎？地質學家指出，隨著地球歷史的演進，並不排除這種可能性。當然，對人類來說，這個時期太過漫長了。只有得到更多、更深刻的科學資料，人類才能充分地瞭解地球歷史的變遷，也才能預見它的陸海變遷規律。

如今新疆的沙灘戈壁，不僅是一座天然的古地中海博物館，更是一個巨大的昔日海洋迷宮。我們的探索只不過是揭開了冰山一角，它將永遠吸引著一代又一代的科學工作者對其進行探索。

▼崑崙山前的阿塔什山谷

裸露的山體皺褶形式多樣，是造山運動的明顯特徵。

撒哈拉沙漠為何曾為綠洲？

▲古代洞穴壁畫

描繪了非洲阿爾及利亞高原的牧牛情形，生動地再現了撒哈拉沙漠曾有的動物生機。

撒哈拉沙漠位於非洲北部，西自大西洋，東近尼羅河，北起亞特拉斯山麓，南至蘇丹。從大西洋到紅海，撒哈拉沙漠橫貫整個北非，東西綿延近5,000公里，南北縱深近2,000公里，橫跨阿爾及利亞、摩洛哥、埃及等十一國國境，是地球上最大的沙漠。

撒哈拉地表起伏平緩，海拔在250～500公尺之間，地面主要是戈壁、流沙或沙丘的地形，沙漠中還分布著一些間歇性河谷。整個環境異常乾熱，植物貧乏，動物也很稀少。自從人類有文字以來，撒哈拉這個詞就意味著乾旱、饑渴和死亡。但有誰會相信，它過去的名字應該叫撒哈拉綠洲。從綠洲到沙漠，如此巨大的變化是如何發生的呢？

位於撒哈拉大沙漠中部的兩座山脈──阿哈加爾和提貝提斯，由於常常受到暴風的襲擊，加上晝夜溫差很大，山上的石頭有不少成了岌岌可危的石橋和迷宮似的石窟。起初，人們並未注意這些石窟有什麼特別之處。後來在一次科學考察中，考古學家在這些石窟山洞裡發現了原始人類的岩畫。這些岩畫早期和後期有很大區別，早期的是石刻，後期的則是用黃褐色的泥土畫上去。

那些岩畫反映的當時人們的生活情景，使發現者大感驚訝，人們居然在岩畫中發現很多的馬。一些學者據此推測撒哈拉在幾千年前是大草原，因為在有大批馬生存的自然環境中，草和水是不可或缺的。此外，岩畫中還包括很多形象生動、神態逼真的水牛、鴕鳥、大象、羚羊、長頸鹿等動物。於是，人們認為大約在六千多年

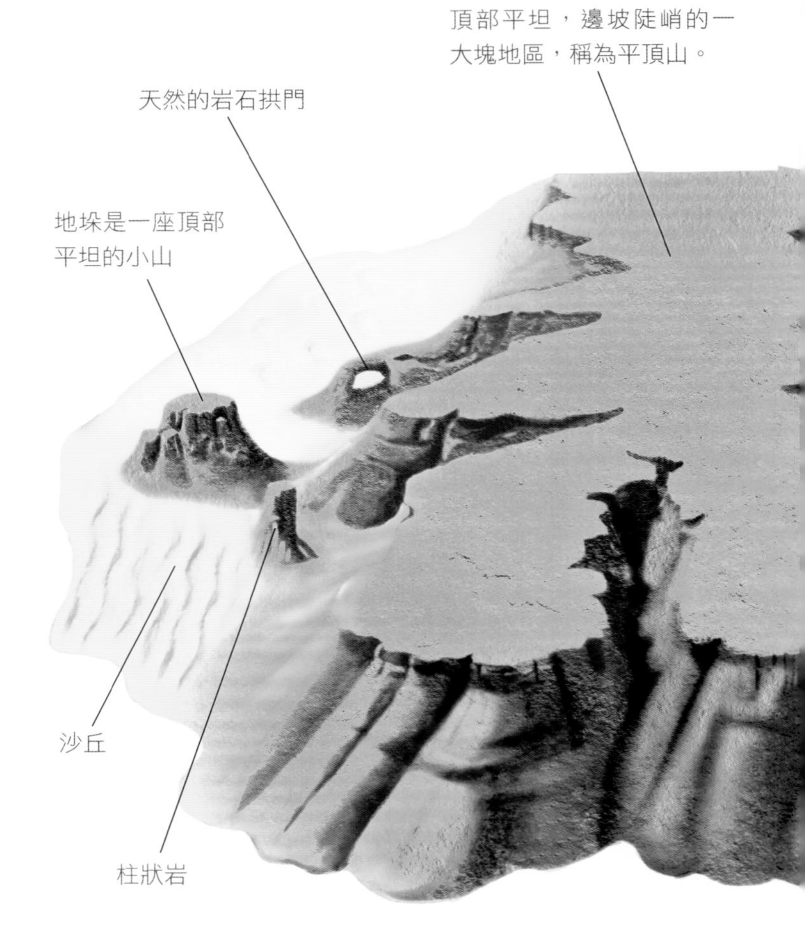

前，撒哈拉曾處於高溫和多雨期，以塔西利臺地為起點，南到基多湖畔，北到突尼斯窪地，構成了龐大的西北水陸網。臺地在多雨期出現許多積水池，沿著這些積水池，各種各樣的動植物便繁衍起來，撒哈拉文化也因此得到高度的發展，並曾昌盛一時。

藉由對岩畫的研究，人們還發現只有在極少數的地區有關於駱駝的岩畫。從碳14的測定中可以看出，在早期岩畫中還沒出現駱駝的形象，要在後期的作品中，才能看見駱駝的形象。據此，一些學者認為，在西元前5000年至前3500年左右，撒哈拉居住著許多狩獵或遊牧部落，隨著氣候的變化，撒哈拉成為沙漠後，約在西元前400年至前300年左右，駱駝才從西亞來到這裡。

有地理學家認為，曾經的綠洲變成沙漠是自

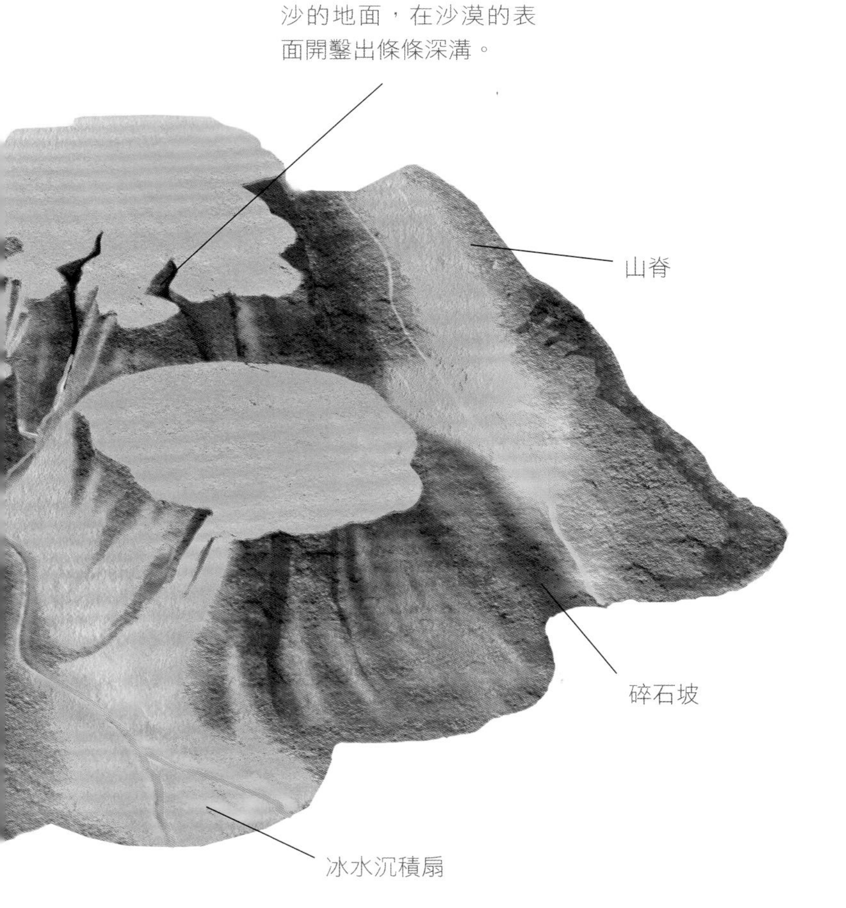

▲自古以來，撒哈拉這個枯寂的大自然，便拒絕人們生存於其中。風聲、沙動，支配著這個壯觀的世界。綠洲的出現，往往是沙漠旅行者最渴望的樂園。

然條件改變的結果。因為這一地帶氣候極其乾燥，日照時間特別長，最熱的幾個月中平均溫度超過30℃，地表溫度更是高達70℃。此外，這裡還受到一股叫「哈馬丹」的東北風的影響。這種風終年不停，一吹起來整個地區就天昏地暗、飛沙走石，再好的植被也會被掃蕩一空。

生態學家則認為，這片土地自古以來自然條件就很惡劣，長期受到太陽的曝晒和季風的侵擾。之所以會出現綠洲變沙漠的情形，是因為人類自身的活動所致。據分析，這裡的人們犯了一個難以挽回的錯誤：在當時的農牧社會裡，為了發展經濟和抵禦敵人，人口的增加愈來愈必要。隨著人口的增多，田地變廣了，牲畜也變多了，漸漸地這片綠色原野就無法負荷。「土地—植物—動物—人類」這條生物鍊一旦斷裂，便會完全崩潰於自然災害的肆虐中。

撒哈拉沙漠形成的過程給我們這樣一個啟示：在「自然－社會－文化」生態系統中，人類的發展必須配合環境的變化，必須用生態的理念幫助它朝積極的方向發展。

熱帶雨林的養分來自沙漠？

亞馬遜河是拉丁美洲人民的驕傲，它以浩浩蕩蕩之勢，蜿蜒流經祕魯、巴西、玻利維亞、厄瓜多爾、哥倫比亞和委內瑞拉等國，滋潤著8,000,000平方公里的遼闊大地，孕育了世界最大的熱帶雨林——亞馬遜熱帶雨林。亞馬遜原始森林占地球上熱帶雨林總面積的50%，達6,500,000平方公里，其中有4,800,000平方公里在巴西境內。這裡自然資源豐富，物種繁多，生態環境紛繁複雜，生物多樣性保存完好，被稱為「生物科學家的天堂」。

森林具有涵養水源、調節氣候、消減污染及保持生物多樣性的功能，熱帶雨林就像一個巨大的吞吐機，每天吸收大量的二氧化碳，又製造出大量的氧氣，亞馬遜熱帶雨林也因此被譽為「地球之肺」。熱帶雨林又像一個巨大的抽水機，從土壤中吸取大量的水分，再藉由蒸散作用把水分散發到空氣中。另外，森林土壤有良好的滲透性，能吸收和滯留大量的降水。但弔詭的是，這裡的土地卻十分貧瘠。那麼，樹木生長所需的養分從哪裡來呢？部分科學家認為，是位於東半球的撒哈拉沙漠漂洋過海來幫亞馬遜熱帶雨林「施肥」。這是真的嗎？沙漠給森林「施肥」？

亞馬遜河橫貫南美洲，沿途有數以千計的支流注入，河流流域面積七百多萬平方公里。其中，亞馬遜平原占地面積約為5,600,000平方公里，是世界上最大的沖積平原。由於亞馬遜平原位於赤道附近的多雨地區，所以這裡四季均高溫，每月平均氣溫都在26℃以上。這裡的降水量極為豐富，年平均降水量在1,000毫米以上，西部地區甚至可以達到3,000毫米。然而，亞馬遜河流域的土地由於嚴重缺乏磷酸鈣，所以流域內幾乎沒有腐殖土。有人指出，正是由於非洲沙漠塵土的侵入，才使亞馬遜河流域成為廣闊富饒的熱帶雨林。否則，這裡將是一望無際的大草原。

在數萬年前，亞馬遜河流域的森林面積非常小，只相當於現有規模的很小一部分。近年來，美國航空局藉由氣象衛星和特殊飛行器對南美洲的巨大塵埃雲進行追蹤，發現這些塵埃主要來自非洲的撒哈拉沙漠及其以南的撒海爾半乾旱地區。美國邁阿密大學的一位學者經過仔細研究，發現這些塵埃雲也對美國南部的一些地方和加勒比海的一些島嶼的氣候產生影響，在這些塵埃雲的作用下，巴巴多斯島上相當一部分土壤便是來自非洲。此外，塵埃雲還將非洲塵埃帶到邁阿密，從而使邁阿密城披上了一層紅色。那麼，這些塵埃是如何飛越遼闊的大西洋，從遙遠的非洲來到美洲的呢？

一些科學家認為：低緯地區上空的東風帶是運送這些塵埃的載體。如果按東風的平均風速計算，富含養分的撒哈拉沙漠的塵土需要五到十天才能跨越大西洋到達亞馬遜河流域。美國一位熱帶生態學家認為，如果每年有12,000,000噸塵土落到亞馬遜地區，則可以使每公頃土地平均增加1.1公斤的磷酸鈣。

如果真是這樣的話，那麼法國一位學者所稱「沙漠是生命的一個源頭」這個觀點，用在撒哈拉沙漠與亞馬遜熱帶雨林之間的關係上，是再合適不過的了。

▸雨林植物分層示意圖

雨林是世界上最豐富的生物群落區。各個種類的植物生長茂密，孕育出豐富的野生動物種類。

為何沙子會奏樂？

所謂鳴沙，也就是會發出聲響的沙子。鳴沙現象是普遍存在的，在美國的長島和麻薩諸塞灣、英國的諾森伯蘭海岸、丹麥的波恩賀爾姆島、波蘭的柯爾堡以及巴西、智利和亞洲與中東的一些沙灘、沙漠都會發出奇特的聲響。

在中國有四處鳴沙地，第一處是已為古誌《太平御覽》、《大正藏》所載的今天甘肅敦煌縣南的月牙泉畔鳴沙山，又叫雷音門；第二處是竺可楨在〈沙漠裡的奇怪現象〉一文中描述過的寧夏中衛縣沙坡頭黃河岸邊的鳴沙山；第三處是新疆哈密地區巴里坤哈薩克自治縣的鳴沙山；第四處是內蒙古達拉特旗（包頭市附近）南25公里庫布齊沙漠罕台川（黃河支流）兩岸的響沙灣，這處沙山有60公尺高，100公尺寬，又叫銀肯響沙（「銀肯」一詞的蒙語為「永久」之意）。

鳴沙這種自然現象，在世界上不僅分布廣，而且鳴沙發出的聲音千奇百怪，有的如同哨聲、笛聲、豎琴聲、提琴聲，有的像雷鳴、飛機和汽車發動機的轟鳴聲，還有的像狗叫聲。人們對不同的鳴沙賦予不同的名稱，有的稱鳴沙，有的叫歌沙、音樂沙，也有的叫咕嚕沙、神沙等。

然而，沙為什麼會「鳴」呢？這個問題使人困惑，也激起了人們對它進行研究和探索的興趣，對鳴沙原因也有各式各樣的解釋。

一些學者認為，沙粒塗上了一層薄薄的鈣鎂化合物，在大量的沙相互摩擦時，產生了類似用搓上松香的琴弓沿著提琴琴弦奏出樂曲一樣的聲音。

還有的研究者認為，鳴沙的基本原理在於空氣在沙粒之間的運動。當沙粒在滑動的時候，它們之間的孔隙一會兒擴大，一會兒縮小；空氣一會兒鑽進這些孔隙，一會兒又被擠出這些孔隙，因此便產生振動而發聲。

也有一種解釋：沙因帶了電而發出聲響。前蘇聯學者雷日順利地製成人造的發聲沙。他取普通的河沙弄乾，清洗沙中塵土，再從中清除別的雜質，然後在一般的起電盤的幫助下充電，接著沙開始響了起來——當我們用一隻手擠壓它時，沙就發出拉提琴般的響聲。

馬里科夫斯基在考察蘇聯卡爾崗上的鳴沙後，提出了自己的解釋。他認為每個鳴沙沙丘的內部，都有一個密集而潮濕的沙土層，它的深度隨雨

▾哈密鳴沙山

▲放大了的夏威夷鳴沙樣本

這種形狀不規則的鳴沙，推翻了必須是圓沙才能發出聲音的說法。

水的多少而改變。夏季，潮濕層較深，它被上面乾燥的沙土層全部覆蓋起來，潮濕層的底下又是乾燥的沙土層，這就可能構成一個天然的共鳴箱。當雪崩似的沙粒沿著斜坡傾瀉下來時，乾燥沙粒的振動波傳到潮濕層，就會引發共鳴——像樂器的共鳴箱一樣，使沙粒的音量擴大無數倍而發出巨大聲響。

蘇聯另一位學者在考察了中國的中衛沙坡頭和達拉特旗的響沙灣後，發現兩地沙子的質地均屬細沙類，石英質地的沙粒占其中的52～62%，於是他認為，由於石英晶體具有特殊的壓電性質，使鳴沙中的這些石英沙粒對壓力非常敏感。一旦受到擠壓就會帶電，在電的作用下它又會反復伸縮振動。振動得愈厲害，產生的電壓愈高；電壓愈高，振動愈厲害，於是「歌聲」就愈來愈響。

不過石英沙的分布很廣泛，鳴沙卻沒有那麼普遍，而且一般鳴沙換個地方就會變「啞巴」，所以大多數的人還是認為鳴沙的形成與當地特殊的地理環境有關。

西元1979年，中國的馬玉明撰文〈響沙〉，提出新見解：響沙的「共鳴箱」不在地下，而是在地面上的空氣裡。他認為響沙的發生需具備三個條件：一是沙丘高大且陡；二是背風向陽，背風坡沙面呈月牙形；三是沙丘底下有水滲出，形成泉和潭，或是有大的乾河槽。另外，由於空氣溫度、濕度和風的速度經常在變化，不斷影響著沙粒響聲的頻率和「共鳴箱」的結構，再加上策動力和沙子固有頻率的變化，響沙的響聲也經常變化。有時下雨天去看響沙，發現響沙不響，正是由於溫度和濕度的改變，破壞響沙「共鳴箱」結構的緣故。像寧夏中衛沙坡頭的響沙，就是因為周圍造林綠化等原因破壞了共鳴的條件，響沙已有十幾年不響了。

然而，國外一些海濱的響沙沙灘是相當平坦的，不存在高而陡的月牙型沙丘，而且它們往往

▲月牙泉

▲沙山峰

只會在雨後不久，表層剛剛乾燥的時候發出響聲。這又要如何解釋呢？日本京都府北面丹後半島的海水浴場上有兩處響沙：一處叫琴引濱；一處名擊鼓濱。這兩個沙灘不僅音色截然不同，甚至還有季節性變化。由此日本學者得出結論：海濱響沙最重要的條件是要潔淨的海水不斷的沖刷。夏天游泳的人潮太多，把海水弄得太髒，沙子便不響了，這與沙漠響沙的「脾氣」似乎完全兩樣。

中國的幾種鳴沙山還有兩個特別奇特的地方，在古代書籍裡面曾經記載著：第一個奇特的地方是山麓裡的清泉，儘管周圍的沙丘一個緊連著一個，可是千百年來泉水一直沒有被黃沙掩埋；第二個奇特的地方是不管有多少人爬到沙山頂上，滑落下來多少沙子，到了第二天風又會把沙子吹到山坡上去，使沙山變得跟原來一模一樣。這到底是怎麼回事呢？它們和響沙的祕密一樣，也沒有一個能說服人的答案。這個謎團什麼時候才能夠真正地解開呢？

▲月牙泉畔的駱駝商隊

草原林莽之謎
The Mysteries of Natural Phenomena

渤海古平原可能再現嗎？

▲滄海桑田，茫茫大海曾經是一片生機勃勃的大陸。（此圖是根據考古發現繪製而成）

渤海是中國的一個內海，位於遼寧、河北、山東、天津之間，是個半封閉的大陸棚淺海。面積77,000平方公里，平均水深約18公尺，最深處也不到百公尺。渤海古稱滄海，又因地處中國北方，也有北海之稱。渤海海峽口寬59海浬，有三十多個島嶼，其中較大的有南長山島、砣磯島、欽島和皇城島等，總稱廟島群島或廟島列島。

若說渤海曾是一個地勢坦蕩、一馬平川的大平原，有什麼依據呢？地處渤海東部的廟島群島就是最有力的證據。當渤海尚未形成時，廟島群島曾是平原上拔地而起的丘陵地帶，山丘高度約200公尺。當時氣候寒冷，由於強勁的西北風和冷風寒流互相作用，致使大量的黃土物質飄到渤海古陸平原上。

風沙不僅填平了古陸上的溝壑，而且還堆起山丘，如今廟島上獨具特色的黃土地貌仍依稀可辨。黃土中有許多適宜寒冷氣候的猛獁象、披毛犀和鹿等動植物化石。藉由這些動植物化石，可以想見當時的渤海古陸平原生機勃勃。一萬年前的大平原上草地茫茫，人們可以想像，當時猛獁象漫步河畔，披毛犀出沒其間，鹿群相互追逐，古人類尾隨其後伺機捕殺的景象。這是多麼富有生機的一幅古人類生活寫照圖啊！

在二十世紀70年代初，一塊從渤海海底撈起的骨頭引起考古學家的注意。經過仔細研究，這塊毫不起眼的骨頭被確認為是披毛犀的牙齒。披毛犀身披褐色粗毛、鼻子上長著兩根短角，生活在寒冷的苔地平原或是在草原上。渤海海底發現的披毛犀牙齒，使學術界對渤海的過去有了新的認識，並且展開對渤海地形地貌歷史的研究。人們認為，渤海在遙遠的過去曾是一塊裸露的大陸，因為陸生的披毛犀是無法在海水中生存的。古生物學家認為，可能在稍晚的更新世紀末期（即距今一萬年前）生活在北國的披毛犀到達渤海古陸並向南遷移。

也就是說，在距今一萬年前，由於冰川範圍的擴大，原先最深處也不過80公尺的古渤海海平面一下子下降100～150公尺。渤海地區因此一度完全裸露成陸，形成一片平坦的大平原，成為許多動物的家園。在距今大約一萬二千年的時候，渤海古陸平原再次沉入海底。這是因為當時全球氣候變暖，冰川融化，海平面大幅度上升，渤海平原逐漸被水淹沒，曾在渤海平原上奔騰不已的黃河、灤河和遼河，也隨著海水重新浸入渤海古陸，成為渤海的一部分。

近年來，海平面變化的問題又引起了人們的關注。有人認為海平面將會上升，有人則不這麼認為。同樣，人們對於渤海海平面的升降也持不同看法。有人說，海平面會上升，部分陸地會被淹沒。然而也有人說海平面會下降，渤海平原會再次出現。彼此都有支持各自觀點的理由。

據《灤州志》記載，西元1820年渤海西部的一個較有名的小島——曹妃甸的面積約8平方公里。西元1925年之後，潮水和海浪不斷地沖刷小島，大片土地坍入海中。如今，曹妃甸已基本淪入海內，找不到它的蹤影了；然而，黃河口的情形卻截然不同。從西元1855年以來，岸灘不斷拓寬和淤高，潮間帶的寬度，每年拓寬數十公尺，久而久之就形成一千三百多畝的新土地。在渤海灣及萊州灣，由於許多泥沙來自黃河並不斷沉積，海岸線也不斷向海中淤漲。

如今的渤海，由於各方面的條件錯綜複雜，因此變化也十分複雜。海岸線有進有退，變化大相逕庭，並且這種完全相反的改變情形還將繼續下去。

那麼，曾一度繁榮的渤海古陸大平原，會重新露出海面嗎？這是大自然留給我們的一個謎，隨著時間的推移，總有一天這個謎會被解開的。

▲環境幽美的渤海灣

神農架奇特自然生態之謎

神農架位於中國湖北省西部的大巴山區，面積只有3,200平方公里，林地占85%以上，海拔差不多都在千公尺以上，素有中華屋脊之稱。神農架是個謎，神祕而博大，大量動物在此反祖變白，山溪之間出現大海獨有的潮汐，真假虛實的動物故事，怪異莫測的洞穴……這些獨特費解的神農架之謎，叫人眼花撩亂，浮想連翩。

謎之一：動物白化現象

中國許多城市的動物園裡都養有白熊。從外表看，牠們實在沒有什麼不一樣，若注意到產地欄的記載，就會發現其中大

▼山高谷深的神農架原始森林區

大不同之處。原來多數白熊都屬引進的北極熊，唯獨武漢動物園裡的白熊產地，標記著「神農架」三個字，是道道地地的「國產貨」。關於神農架白熊是否真是白熊的問題，科學界在二十世紀50年代就有爭議，至今餘波未了。

二十世紀50年代初期，在神農架山林裡捕到的第一隻白熊被送到武漢動物園，引起了科學界的震驚。按照常理，白熊只能生活在北極圈內的北冰洋地區，神農架屬中緯度地區，是亞熱帶向溫帶氣候的過渡地帶，怎麼可能出現白熊呢？

過沒多久，在神農架又相繼抓到四隻白熊，而且雄雌老幼兼備。

▲白熊

二十世紀70年代在兩次大規模的「鄂西北奇異動物科學考察」過程中，科學工作者竟陸續見到、捕到了神奇的白蛇、白獐、白麂、白龜、白金絲猴、白蘇門羚、白鸛、白皮鷺、白冠長尾雉……當地居民還曾目睹過白「野人」、白蟾蜍等，幾乎所有的動物物種都有白色的。

在古代傳說中，白色動物一直被視為修行千載、始悟仙道的精靈或神物。《史記·五帝本紀》中所記述曾為軒轅黃帝立下赫赫戰功的「羆」即為白熊，《白蛇傳》中的主角白娘子也是白蛇修成人身。

神農架的白色動物在生活習性方面和非白色的同種動物相比，目前尚未發現有多大差異。

全身白色的動物在當今世上已為數寥寥了，非洲白獅、白人猿、印度白鹿及臺灣白猴等無不被視為珍寶。在中國珍稀動物名單裡，諸如白鸛、白冠長尾雉等占了相當大的比重，神農架被稱為「白色動物之鄉」的確當之無愧，而神農架所有白色動物均享受國家一級保護動物的待遇也是理所當然的。不過人們至今還是不清楚，為什麼唯獨在神農架才會出現如此大規模的動物白化現象。

謎之二：山溪之間的潮汐

潮汐是由月球對地球的引力而產生的海水漲落現象。誰會相信這種海邊特有的自然現象，竟也出現在神農架的山溪間呢？在流經紅花鄉茅湖村境內林區的潮水河，就可以看到這種現象。

觀察潮水河奇觀最理想的地方，當數橫臥於上游的一座小橋。橋不知建於何時，雖歷經修補，卻依然保留著原有的模樣。橋墩用石頭壘砌，橋身由樹幹架成，高丈餘。平時看來，這座橋似乎架得多餘，因為橋下只有汩汩流水淌過，行人完全可以憑「石步子」輕易過河。唯有在漲潮的時候才可以認識到橋的重要，那時候水位陡升，波濤翻騰，一下子便漫上橋頭，需半個多鐘頭才會慢慢消退。溪水從觀音岩上的一個岩洞中湧出，滾坡直下，最初為一掛瀑布，降至谷底才形成一條小溪。細觀瀑流，時粗時細，一晝夜三變，因而引起溪水三起三落。漲潮時波瀾翻滾，洶湧澎湃，退潮時水位銳減，露出岸邊卵石。這與海邊潮汐又不盡相同。

▲神農架風光

民間將潮水河潮汐的起因解釋為犀牛翻身，說潮水河的源頭是一口深淵，有一頭巨大的神犀終年住在水裡修煉。神犀有個習慣，每晝夜要翻三次身，每當牠翻身時便會激起淵水外溢，因而造成河水漲潮。此種說法可否視為對間歇泉的神話解釋呢？

地質工作者曾探察過潮水河的源頭，發現觀音岩上的岩洞內通地下河，地下河的源頭遠在海拔2,060公尺的「一碗水」，「一碗水」亦是一處間歇泉，因此認為潮汐為間歇泉所致。但「一碗水」究竟有多大的蓄水量？間歇泉是怎麼形成的？間歇泉有那麼大的能量使下游的溪水如潮水般定時暴起暴跌嗎？

潮水河還有許多令人費解的現象。譬如，它來潮時的水色因時節而不同。若逢乾旱時節，水色混濁，像暴起的山洪；若逢多雨時節，則碧波蕩漾，如奔騰的清流。為什麼如此涇渭分明呢？再譬如，它左右各有一條溪水，水色也因時節而異，不過恰與潮水河色相反，這是為什麼呢？這些問題誰能解答呢？

謎之三：真假虛實的動物故事

神農架動物世界奇聞特別多。西元1986年12月4日的《江漢早報》上赫然出現一則報導，題曰〈神農架巨型水怪之謎〉，稱新華鄉農民發現三隻巨型水怪，「棲息在深水潭中，皮膚呈灰白色，頭部像大蟾蜍，兩隻圓眼比飯碗還大，嘴巴張開有四尺多長，兩前肢生有五趾……浮出水面時嘴裡噴出幾丈高的水柱，接著冒青煙」。

與水怪傳聞大致相似的還有關於棺材獸、獨角獸和驢頭狼等的傳聞。《神農架報》稱棺材獸是自然保護區科考隊員黎國華最早在神農頂東南坡發現的，是一種「長方形怪獸，頭大，頸短，尾巴細長能自由擺動，時而還能搭到背脊骨上，全身麻灰色毛……向山下疾奔，撞得樹枝劈哩啪啦地脆斷，四蹄捲起的石頭轟隆隆地滾動」。

▲金絲猴

《神農架之野》裡說獨角獸「頭跟馬腦殼一樣，體似大型蘇門羚，四肢比蘇門羚還長，後腿略長，尾巴又長又細，末梢有鬚……前額正中生著一支黑色的彎角，像牛角，長有40公分，從前額彎向腦後，呈半迴形弧弓。後頸部長有鬃毛，類似於馬鬃」。

在謎一般的神農架，還有一種驢頭狼身的怪獸，當地群眾稱其為「驢頭狼」。據目擊者說，驢頭狼「四條腿比較細長，尾巴又粗又長，除了腹部有少量白毛外，全身是灰毛。頭部跟毛驢一樣，而體型跟大灰狼相近，好比是一頭大灰狼被截去狼頭換上了驢頭，身軀比狼大得多」。長著四隻像狼那樣的利爪，是一種凶猛的食肉動物。當地不少人都見過牠的蹤跡，在二十世紀60年代，有的獵人還獵捕過這種怪獸，可惜屍體沒有保留下來。

這些傳聞聽起來似乎荒誕可笑，但又是如此地言之鑿鑿，我們能斷定它不存在嗎？

謎之四：盛夏結冰的洞穴

一般岩洞內都是冬暖夏涼，但這也僅是相對的暖和或涼而已。可是隆冬時熱風撲面而來，猶如置身於暖氣房；盛夏時冰川林立，好比鑽進了廣寒宮，這樣的現象就很奇怪了。

神農架就有這樣一個奇洞，名叫「冰洞」。冰洞山高聳在宋洛河西側，主峰海拔二千四百多公尺，頂部呈棱臺狀，正中央內陷，形成一個倒扣的漏斗形天然石穴。天坑約10公尺深，7公尺寬，20公尺長，原本曾盛著半池清水，或許是因為周遭林木被砍伐殆盡，水位漸跌，以至於到今天已完全枯竭了。冰洞口便顯露在石體上，僅有一人多高，寬不過4公尺左右。在洞口處站上一分鐘不到，就能強烈地感到這裡氣候與外界截然不同。

冰洞的主洞道不長，支岔卻很多，門洞稍微寬展些，越向前越狹窄，可容遊人通行處不到1,000公尺。洞內有一條暗河，沿主洞道而流，水量不大，卻可聞潺潺之聲。究竟洞深幾許，尚屬未解之謎。

▲神農架水流湍急，清可見底。

冰洞內的景象因時而異：春來珠光寶氣，夏至冰塔林立，秋季碧水輕流，冬時暖氣融融。結冰一般在七、八月開始溶化，有人做過測試，化冰時洞口溫度為21℃，山麓溫度為30℃。三伏盛夏，進入冰洞，猶如登上嫦娥蟾宮。沒多久前還是汗流浹背，立刻就有了徹骨寒意，得趕緊添加衣服，適應溫度才能慢慢觀賞。只見頭上懸著各式各樣的冰燈，腳下踩著滾瓜溜圓的冰球，四壁聳立著奇形怪狀的冰柱，深處則有時隱時現的冰流飄逸。那些冰燈，無不靈巧生動，輝煌耀目；那些冰球，無不通體透明，漫地滾動；那些冰柱，無不攀龍附鳳，熠熠生輝；那些冰流，無不從天而降，氣勢逼人。冰洞裡的一切似乎全是白銀打造而成，所有景觀都是翡翠裝點，滿目是玉樹瓊花，遍地皆錦鱗秀甲。那些銀器，工藝精巧，無與倫比；那些翡翠，色澤純正，沁人心脾；那些玉樹，參差挺拔，交相輝映；那些錦鱗，生動活潑，奔騰逶迤。

以科學的觀點來分析，冰洞的奇特現象極有可能與洞體結構和所處的環境有關。冰洞山高達二千多公尺，冰洞深藏在天坑底部，洞道又呈正東西走向，洞體全是堅實的岩石。石體具有吸熱快、散熱也快的特點。冬季，地心溫度高於地表，寒風有天坑遮擋，難以吹進洞內，來自地底的暖氣流和外界的冷氣流在洞口處相遇，於是形成了水珠；夏季情況則相反，外界的暖氣流從天坑底部湧入洞內，遇上來自地心的冷空氣，溫度驟降，就有可能結水成冰。但這尚不是最終結論，人們仍須繼續探索下去。

謎之五：信疑難定的「野人」傳說

神祕的神農架，如夢如幻的神農架，久為世人嚮往，而神農架的「野人」之謎，更是像磁石一般吸引著世人的目光。神農架「野人」被稱為當今世界四大自然科學之謎中的一個（其他三個為尼斯湖水怪、百慕達三角和天外來客飛碟）。

神農架地區自古以來就有「野人」的傳說。在鄂西北地方的歷代地方誌中都有「野人」出沒的記載。據報載，至今有數百人聲稱他們見過「野人」。而且這樣的報導今日仍時有耳聞。在傳說中，「野人」有許多與人類相似的特徵：體形似人，全身紅毛，無尾巴，身材高大，能直立行走，能發出類似鳥類的鳴叫聲。

大量曝光的報導、如此言之鑿鑿的描述，不能不引起科學界的關注。西元1976年5月，中國科學院組織「鄂西北奇異動物考察隊」深入神農架林區，收集了大量「野人」腳印、毛髮、糞便樣本。經初步鑑定，認為「野人」是一種接近人類的高級靈長類動物，推測其正處於從猿到人進化過程中的一個階段，即「正在形成的人」。

其後又有數支考察隊進駐神農架林區，得出了相似的結論。但是到目前為止，還沒有捕獲到一個活的「野人」，因此神農架「野人」仍是一個謎。他們是尚處蒙昧階段的原始人類？是人類的近親靈長類動物？或者是人們虛構出來的不存在的東西？如果能捕捉到一個活的「野人」，也許這一切疑問都將迎刃而解，且讓我們拭目以待。

▲原始人類生活復原圖

根據大量考古發現繪製而成。神農架「野人」與這些古人類頗有相似之處。

「中國的百慕達」之謎

在四川盆地西南的小涼山北坡，有個叫黑竹溝的地方，被人們稱為「魔溝」或「中國的百慕達」。這裡古木參天，箭竹叢生，一道清泉奔洩而出，一切是那麼的寧靜祥和。但是，在這裡發生的一樁樁奇事，卻令人大惑不解。

傳說，在黑竹溝前一個叫關門石的峽口，一聲人語或犬吠，都會驚動山神摩朗吐出陣陣毒霧，把闖進峽谷的人畜捲走。西元1955年6月，解放軍測繪兵某部的兩名戰士，取道黑竹溝運糧，結果神祕地失蹤了。部隊出動兩個排搜山尋找，仍一無所獲。

西元1977年7月，四川省林業廳森林勘探設計第一大隊來到黑竹溝勘測，宿營於關門石附近。技術員老陳和助手小李自願擔任闖關門石的任務。第二天，他倆背起測繪包，一人捏著兩個饅頭便朝關門石內走去。可是到了深夜，依然不見兩人回歸。從次日開始，尋找失蹤者的隊伍即刻出動，川南林業局與鄰近的峨邊縣聯合組成一百餘人的隊伍也趕來幫忙尋找，人們踏遍青山，找遍幽谷，除了兩張包過饅頭的紙外，再也沒有發現任何蛛絲馬跡。

九年後的1986年7月，川南林業局和峨邊縣再次聯合，組成二類森林資源調查隊進入黑竹溝。因有前車之鑑，調查隊作了充分的物質和精神準備，除必需品之外還裝備了武器和通信聯絡設備。由於森林面積遼闊，調查隊入溝後仍然只好分組定點作業。副隊長任懷帶領的小組一行七人，一直推進到關門石前約2公里處。這次，他們請來了兩名彝族獵人做嚮導。

當關門石出現在眼前時，兩位獵人便不願再往前走。大家好說歹說，隊員郭盛富自告奮勇打頭陣，他倆才勉強繼續前行。及至峽口，他倆便死也不肯再跨前一步。副隊長任懷不忍心再勉強他們。經過耐心的勸說，好容易達成一個折衷的協定：先將他倆帶來的兩隻獵犬放進溝中試探試探。第一隻靈活得像猴子一樣的獵犬，一縱身就消失在峽谷深處。

可半小時過去了，獵犬的行蹤杳如黃鶴。第二隻黑毛犬前往尋找夥伴，結果也神祕地消失在茫茫峽谷之中。兩名彝族獵人急了，忘了溝中不能「打啊啊」（高聲吆喝）的祖訓，大聲呼喚他們的愛犬。頓時，遮天蓋地的茫茫大霧不知從何處神話

▲原始森林隱藏的無數祕密

般地湧出，九個人儘管近在咫尺，卻根本無法看見彼此。副隊長任懷只好頻頻傳話：「切勿亂走！」大約五六分鐘過後，濃霧又奇蹟般地消退了。玉宇澄清，依然是古木參天，箭竹婆娑。隊員們如同做了一場噩夢。身處險象環生之地，為確保安全，隊員們只好返回營區。

黑竹溝至今仍籠罩在神祕的氣息之中，或許只有消失在其間的人才知道它的謎底，他們卻永遠不能告訴我們了。

通向大海的四萬個臺階

有這樣一個神話，愛爾蘭巨人麥科爾砌築了一條路，從他在愛爾蘭北部安特里姆郡的家門穿過大西洋，到達他的死敵蘇格蘭巨人芬哥爾所在的赫布里底群島。但狡猾的芬哥爾先發制人，在麥科爾還未採取行動前先來到愛爾蘭。麥科爾的妻子機智地騙芬哥爾說，熟睡中的麥科爾是她襁褓中的兒子。芬哥爾聽了很是害怕，心想襁褓中的兒子就已如此巨大，他的父親一定更加魁梧。於是驚慌地逃到海邊安全的地方，並把走過的路拆毀，讓砌道不能再用。

另一種傳說則要平和、浪漫得多。傳說，中古愛爾蘭塔拉王的武士芬恩．麥庫爾愛上了內赫布里底群島中斯塔法島上一名身材高大的美女。為了把這個美人腳不沾水地娶回阿爾斯特，芬恩建造了這條通往斯塔法島的石路……

▲千萬年來，浪花不倦地沖刷著岩層，劇烈的海風和多變的氣候也不斷地對石柱進行侵蝕和雕琢。

今天在愛爾蘭北部海岸的賈恩茨考斯韋角，我們所見的數以萬計的多角形樁柱，據說就是巨人麥科爾砌築的。這些樁柱大部分高6公尺，拼在一起成蜂巢狀，構成一道階梯，直伸入海。從高空往下望，砌道就像沿著二百七十多公里長的海岸，由人工砌築出來的道路，往北一直延伸到大西洋。這些屹立在大海之濱已有數千萬年之久的岩層，以其井然有序的排列組合及美輪美奐的造型，令無數遊人嘆為觀止。

賈恩茨考斯韋角的樁柱可分作大砌道、中砌道和小砌道三組，人們饒富興味地給這些樁柱起了些古怪的名字，如被峭壁隔開的「煙囪頂」和「哈米爾通神座」觀景臺。

早在十七世紀，學者們就開始研究它的起源，「巨人之路」及其周圍海岸也因此很快發展為一個科學家們頻繁光顧的地質學研究場所。撇開神話不談，關於這條砌道是怎樣形成的，就有多種說法。曾有人認為這些樁柱是海水中的礦物沉積所成。

今天，大部分地質學家都認為砌道的形成源自火山活動。約在五千萬年前，愛爾蘭北部和蘇格蘭西部的火山活動活躍，從火山口湧出的熔岩冷卻後硬化，在新爆發之後，另一層熔岩又覆蓋上去。熔岩覆蓋在硬化的玄武岩層上冷卻得很慢，收縮也很均勻。熔岩的化學成分令冷卻層的壓力平均分布於中心點四周，因而把熔岩拉開，形成規則的六角形。這個過程發生一次後，基本形狀就確定下來了，於是便在整層重複形成六角形。

冷卻過程遍及整片玄武岩，這樣就形成一連串的六角形樁柱。在首先冷卻的最上層，石頭收縮，裂成規則的棱形，當冷卻和收縮持續，表面的裂縫向下伸展到整片熔岩，整片玄武岩層就被分裂成直立的樁柱。千萬年來，堅硬的玄武岩柱不斷被海洋侵蝕，就成了高低不一的模樣。石柱的顏色則受到冷卻速度的影響，石內的熱能漸漸散失後，石頭便氧化，顏色由紅轉褐，再轉為灰色，最後成為黑色。不過，地質學家的這種觀點還有待進一步考證。

▲「巨人之路」的石柱林

密密麻麻的玄武岩石柱櫛比鱗次地從海裡凸出，有些呈灰色並已嚴重風化，其他則成漆黑或是深黛色。

▲「巨人之路」周遭的海岸，包括海灣和熔岩形成的岬角。岬角上遍布光滑發亮的綠色橄欖石洞窟。

亞瑟王的甘美樂城存在嗎？

甘美樂的故事以亞瑟王始，也以亞瑟王終。最早提到亞瑟王的作品是十世紀的一首威爾士詩歌，但其事蹟直到十二世紀才開始在民間流傳。後來法國詩人德特洛伊斯從行吟詩人處取得靈感，在亞瑟王傳奇中加入騎士與美人間的愛情故事，而鮑朗又添加了追尋聖杯等故事，最後才由馬婁禮把這些故事貫串起來。在馬婁禮筆下，亞瑟王繼承了英雄傳統，他從小由魔術師梅林撫養，年輕時拔出了石中神劍。他建立王國後，獲得湖中女神賜予神劍。他的騎士都要受過考驗，最後更以尋訪聖杯顯示其英雄氣概。

甘美樂就是亞瑟王建立的王國的首都，亞瑟王在那裡臨朝聽政，與他的騎士奉行騎士精神。德特洛伊斯筆下的甘美樂象徵著安寧，代表與野蠻抗衡的文明、紛亂中的秩序。它位於一個永恆的地方，那裡有迷人的森林和城堡，騎士從這裡出發探險，拯救

▸ 傳說「圓桌會議」是亞瑟王所發起的一種會議形式：與會者圍著一張圓桌召開會議，表示沒有階級，不分尊卑，象徵著平等和團結。據說這張橡木桌就是亞瑟王的圓桌，但後來被證明是中世紀之物。

遭難的少女，最後又回到美麗的家園。

中世紀時，戰亂頻繁，瘟疫流行，人人渴望能有一個像甘美樂這樣安樂祥和的地方。後來，相信確有此地的人，便到處尋訪這個世外桃源。

歷史上的確有些證據，證明亞瑟王這位傳奇國王是以五世紀時不列顛的一位將領為原型塑造的，在羅馬人撤退後，他曾率眾抵抗日爾曼族入侵。撒克遜人侵占不列顛後，他的事蹟便成為凱爾特人的民間傳說，在未受撒克遜人控制的地方，如英格蘭西部、威爾斯和法國布列塔尼等地代代相傳。因此，人們就從凱爾特人的故鄉開始尋訪甘美樂之旅。

英國亨利八世時的古物收藏家利蘭，曾寫道：「甘美樂就在卡德伯里教堂的最南端，原有名城或名堡……」他認為卡德伯里是甘美樂的所在地，因為在亞瑟王的時代，薩默塞特郡南卡德伯里的卡德伯里堡是不列顛最大的要塞，以這裡作大本營的國王所擁有的資源是無人能比的。

一些考古的發現證實了利蘭的觀點。二十世紀60年代，考古學家阿爾科克發現南卡德伯里鐵器時代的城堡，在五世紀末曾加固再用，這正是傳說中亞瑟王活躍的時期。卡德伯里堡始建於西元前一世紀，西元83年被羅馬人摧毀，其後廢棄了四百年，城堡只剩下一些木造建築物。

另一處可能的地方是康沃爾北岸的廷特傑爾堡，傳說亞瑟王在那裡出生。挖掘出的文物顯示那裡曾是一座凱爾特古廳的舊址，出土的陶器碎片證明五世紀時這裡有人居住。但這裡自西元1145年起才有一座城堡，年代較近，又不大可能是甘美樂。

有關甘美樂在何處的說法如此紛紜，原因在於這個地方跟亞瑟王一樣，只存在於故事中。看樣子目前我們也只能從故事中去尋找這個世外桃源了。

▲《亞瑟王之死》十九世紀　英國　阿切爾

▲傳說中亞瑟王的長眠之地——蘇格蘭邊界的艾爾登山

歐洲原始岩畫創作之謎

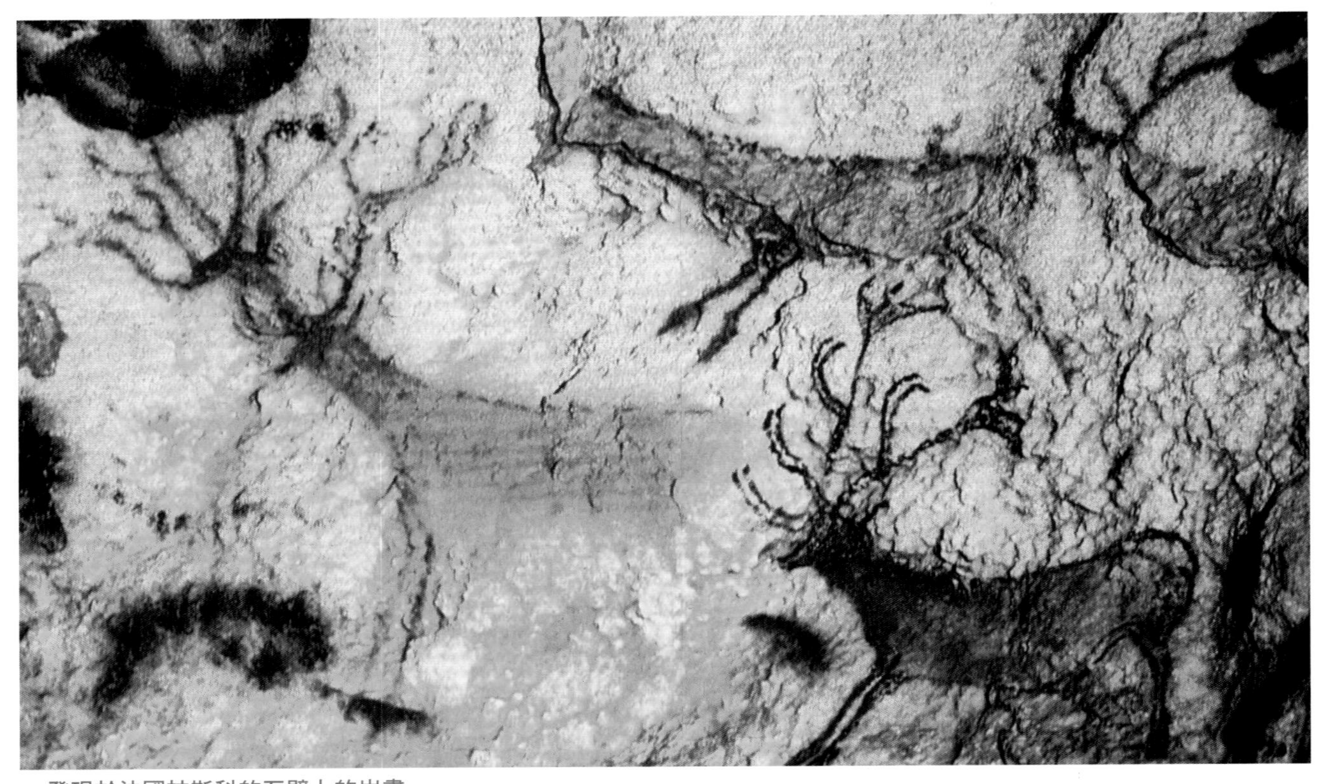

▲ 發現於法國拉斯科的石壁上的岩畫

洞穴藝術家將有色的土和石頭研磨成粉狀，然後加水調成紅、黃、黑等顏色，點染出鹿群的輪廓和急馳飛奔的模樣。

歐洲的原始岩畫主要分布於法國拉斯科洞穴以及西班牙的阿爾塔米拉岩穴中，完成於距今三萬年到一萬二千年期間。拉斯科洞窟位於法國多爾多涅省蒙尼克鎮附近，從遠古時代起，它的洞口就被障礙物全部堵塞住，直到現在洞口也還沒有找到。西元1940年的一天，四個當地的少年在玩耍時，他們的小狗走丟了，在找小狗的過程中，他們挖開洞頂爬了進去，結果發現那些萬年前的岩畫。這個洞窟包括著名的野牛大廳和一些陡峭的走廊，絕大多數的岩畫描繪的是動物，有野牛、馬匹、紅鹿和野山羊，還有一些意義不明的圓點和幾何圖形。在洞窟的地面上，還發現了作畫用的木炭、顏料和雕刻工具等。

在歐洲其他地方的岩畫中，有許多是描繪祭祀場面的，這些祭祀與狩獵行為密切相關，有些祭祀活動就是在狩獵的過程中進行的。不過，在原始歐洲的岩畫中，人類的形象表現則是寥寥無幾的。

原始岩畫創作時充分地利用了岩壁的隆起和凹陷及紋路進行彩繪。當時的創作者使用礦砂作為顏料，他們把各色礦砂摻和在一起以獲得不同的色彩效果，並以蕨草和羽毛為畫筆。有人猜測歐洲洞穴岩畫的創作動機，一是勞動，體現原始人的狩獵生活；二是娛樂，在生產勞動的空暇時間透過作畫來得到愉悅，釋放緊張的情緒；第三是一種對自然物的膜拜，如洞穴中的鬃代表女性，馬指男性，但這種巫術繪畫模仿的是動物的生命神采。這種岩穴繪畫的巫術認為石壁上的動物靈魂能保佑部落中的人健康平安，不受意外損傷，並且在狩獵過程中能捕獲更多的獵物。

究竟是什麼人畫了這些岩畫？他

們為什麼要創作這些岩穴畫？又是用什麼工具創作的呢？

科學家們利用放射性碳測出，那些畫是在西元前三萬至前一萬年間，在不同的時間先後畫在穴壁上的。這段時期比人類有文字記載的歷史早四倍左右！

當時西歐居民以克洛麥農人為主，他們與現代人同種，但通常比現代人矮小，他們主要以狩獵、捕魚、採集為生。從克洛麥農人的岩穴圖畫可知他們具有極高的智力和靈敏的感覺，他們相信來世再生，親人死後他們在墳墓裡放置食物和工具，陪伴死者踏上冥途。他們可能還相信動物也有靈魂，例如在一個岩穴內，就刻著一匹小馬正從一匹奄奄一息的大馬肚子裡躍出來。

岩穴圖畫可能還有著嚴肅的宗教目的。那時候，獵捕大型野獸是十分艱難的，於是人們想靠施用符咒的方法鎮住獵物，他們相信只要把動物的圖像刻畫在穴壁上，牠就不會再有抗拒人的力量。為了保證行獵成功，繪者可能畫一根長矛貫穿野獸，並且利用這種圖畫來教導年輕獵人哪些部位最易致命。還有一種觀點則認為，繪畫的主要功用是增加動物的生育力。

▲野牛、人與鳥

畫面的特點：寫實的動物形象、一些線條簡單的人物和奇怪的幾何圖形組合在一起，反映了原始人對自身與周圍世界的理解。

▲野牛　阿爾塔米拉山洞岩畫

阿爾塔米拉岩畫是西元1896年由一位獵人不小心鑽進山洞而發現的。洞內的岩畫有著簡單而生動的線條，配合著岩壁的地形和一些簡單的顏色，形象栩栩如生。

當時的繪者又是如何工作的呢？有人推測，他們先用尖型燧石在穴壁上刻畫出動物輪廓，再接著著色。他們從含氧化錳的泥土或從木炭和油煙中取得黑色，從鐵礦中取得褐、紅、橙、黃等色，把鐵礦礦石用石頭磨成粉末，然後與動物血液、植物汁液或動物脂肪混合在一起製成顏料。然後或用手指或用毛皮、羽毛製成的刷子上色，也會用中空的蘆葦管或獸骨把顏料吹到穴壁上。

某些圖畫上那些一萬多年前塗上的油脂顏色，至今還可以用手指抹暈開來！這些古代美術作品為什麼能保存到今天？主要是因為岩穴通風良好而且適中，洞內溫度和濕度一直保持不變，空氣中的水分恰能維持顏色不致乾枯脫落。最重要的是，這些岩穴的入口都因過去的岩崩而封閉了，沒有人可以進去破壞。但拉斯考岩穴開放後，經由成千上萬觀光客帶進穴內的汗氣、體熱和微生物，加上電燈的使用，使穴內的圖畫遭受的破壞，比過去一萬五千年還要嚴重。為保護古文物，拉斯考岩穴在西元1963年被迫關閉。

原始洞穴的神秘手印從何而來？

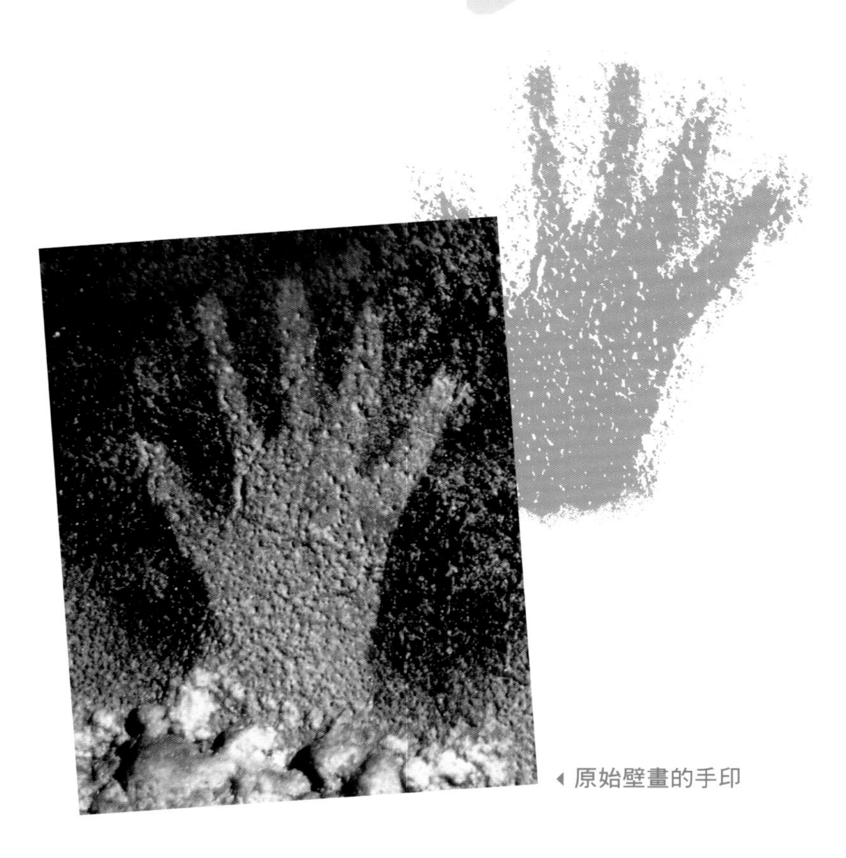

◀ 原始壁畫的手印

在澳大利亞有許多遠古時期的洞穴，洞穴中的壁上畫有許多奇怪的東西，例如軍事武器的簡化符號、抽象化的飛行器、人的手臂等等，還有各種各樣的手印。

這些神祕的手印引起了考古學家的注意，他們考察澳大利亞的民俗傳統，發現在澳大利亞中部地區土著居民中，十分盛行一種貯存祖先靈魂的靈牌的傳統，當地人稱其為「珠靈牌」。這種靈牌用木板或石板製成，外形為長卵形或橢圓形，長度從幾英寸到幾英尺不等。土著居民把珠靈牌看作是祖先「不朽而又不能被創造的」精神實體。他們認為，自從天地開創以來，祖先一接觸地面，珠靈牌就被散布在地上了，這其中還包含著尚未誕生的靈魂。不論男女老人少，人人都有一塊珠靈牌。據說這塊牌上附有死者的特性，其持有者能傳承死者的特性，如果持有者不慎遺失珠靈牌的話，將會被認為是最大的不幸。

由於珠靈牌相當重要，所以由部落裡權力最高的人──圖騰酋長保管。附在牌上的靈魂被分為兩部分，一部分依附在收藏於室內的珠靈牌上，另一部分靈魂則會鑽入從旁邊經過的婦女身體中，從而再度出生為一個嬰兒，所以土著居民認為每個人都是圖騰祖先的轉世。對於婦女懷孕與男子是否有關係這一點，當地的土著人持全盤否定的態度。他們認為婦女懷孕是某一個圖騰祖先的神靈進入母體的結果，因此即使某人的妻子生出一個混血兒，他們也不會有絲毫驚奇的感覺，而只是覺得這很可能是因為她吃了歐洲人的白麵粉。正因為如此，珠靈牌成為每個人生命中最神聖的東西。據說如果當地土著人為了舉行某種儀式，必須從洞穴中移走珠靈牌時，就要在這個洞穴的入口處留下該珠靈牌所有者的手印以「讓靈魂知道」。

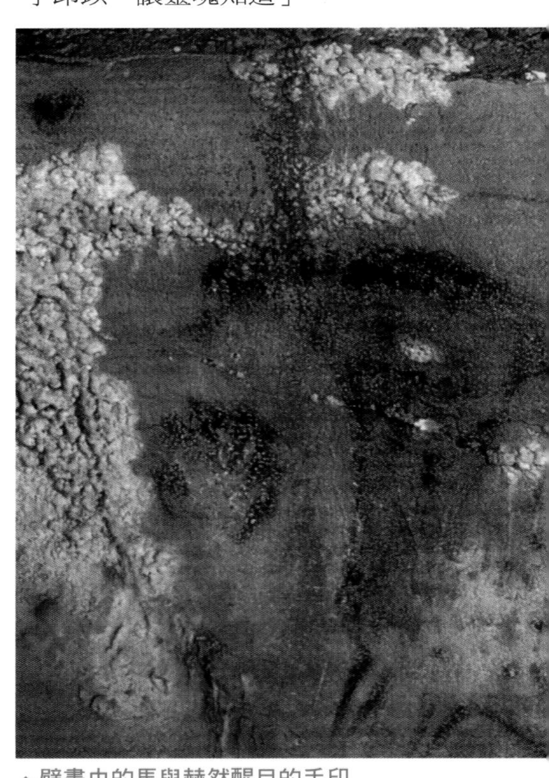

▲ 壁畫中的馬與赫然醒目的手印

在當地的土著人中還盛行著這樣一個習俗：當一個人結婚的時候，應在神廟中留下他右手的印記；而在他死去之後，則在神廟中留下左手的印記。從這些資料中可以推測出原始洞穴裡的手印是舊石器時代的，它不僅表示一種企圖控制的力量，也很有可能是作為一種參與神聖儀式而留下的印記。但也有人認為這些手印是岩畫作者留下的符號，意思是「我在這裡」。

另有一些專家則提出了這樣的觀點，認為手印與狩獵巫術有關。韋爾布魯真就認為在洞穴中印上手印是為了喚起「狩獵者的巫術」，使之「能作用於被符號化了的動物」，或者是作為一種巫術變化的手段，以祈求讓動物不斷繁殖。還有人認為，它是一種為了多生子而做的巫術留下的印記，目的在於想聯繫上「母神」。

古德恩則認為手印是一種「自殘」行為，他說「自殘了的手印就好像一個悲劇合唱中的迭句那樣，在那裡永遠地呼喚著要求幫助和憐憫」。

此外，還有一種「為藝術而藝術」的解釋，認為這些手印僅僅是屬於兒童和婦女的，他們或是為了好玩，或是一個「審美顯示」，所以在岩壁上印上手印。也有人認為手印是成年人拉著嬰兒的手把它印在岩石上面的，以此表示嬰兒對某種社交活動的參與。而有的專家則認為所有手印均是作為婦女的性符號而存在的，與手印相伴的是一些點和短線，象徵男性的性符號。

澳大利亞原始洞穴中的神祕手印會是誰留下的？它是在什麼情況下留下來的呢？以上種種推測，到底我們該相信哪一種呢？目前沒有人能夠告訴我們問題的答案，看來我們也只有耐心等待謎底的揭曉。

▸母神

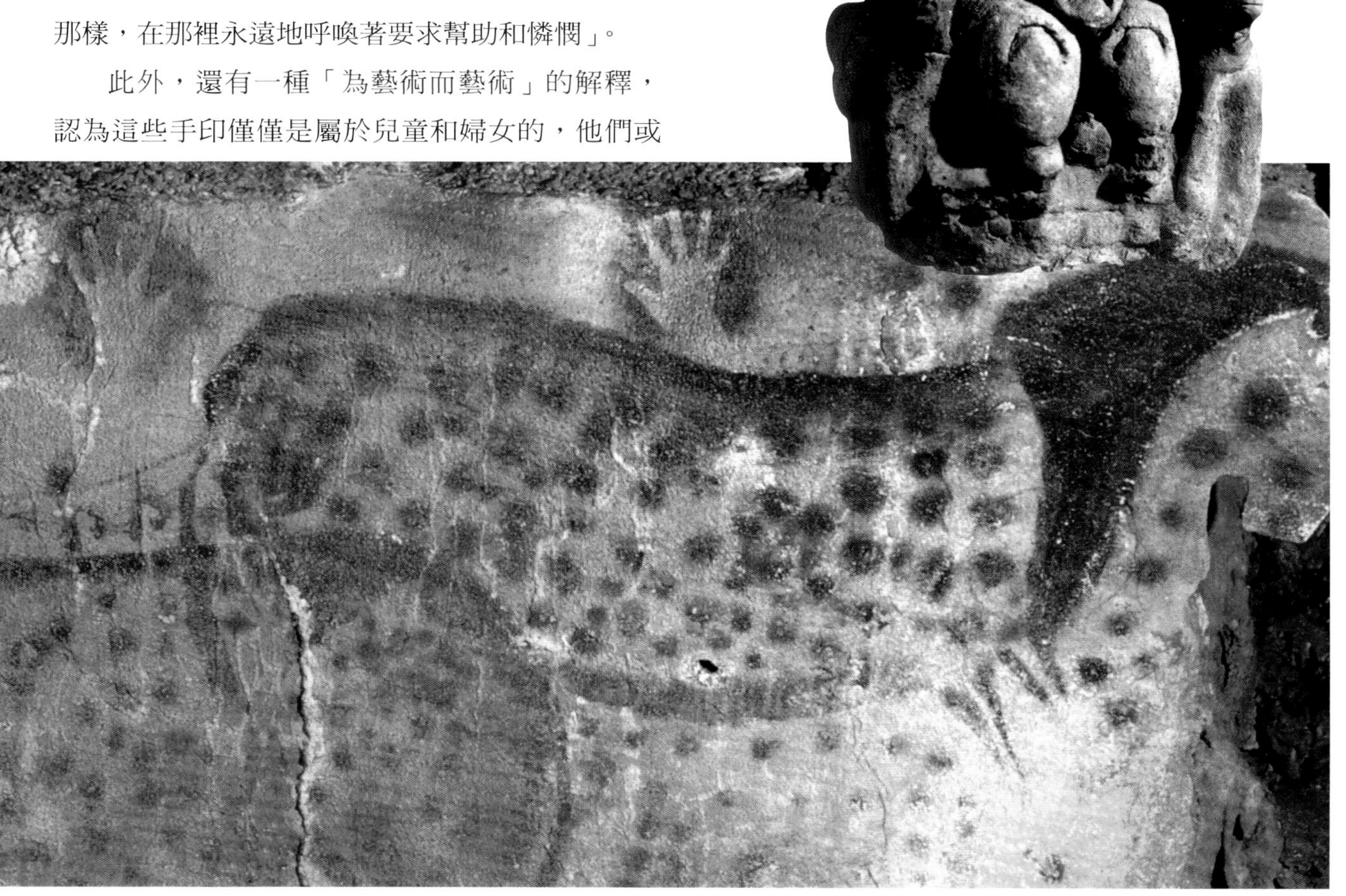

艾爾斯巨石為何有七彩炫光？

▸ 艾爾斯巨石
從平原拔地而起，體積龐大。遊客在1,000公尺外即可望見。

▲ 從岩石流下來的雨水積成的美琪泉

烏盧魯國家公園地處澳大利亞中心，屬乾旱地區，占地達1,325平方公里，為當地土著居民擁有，最主要的景點是艾爾斯巨石和奧爾加岩山。

艾爾斯巨石比周圍荒漠平原高出348公尺，總長3公里，非常寬廣，西低狹、東寬高，雄偉壯觀，如巨獸臥地。石上鳥獸不棲，寸草不生，圓滑光亮，偶爾可以看見出沒其中的蜥蜴。石上有許多奇特洞穴和裂縫，它們是因為風化而形成的。南壁上的裂縫在夕陽照耀之下，極似一個完整的人頭蓋骨。

另有一根依附於岩壁之上的石柱，人稱袋鼠尾，長二百多公尺。每天早晨天際露出一絲曙光，艾爾斯巨石開始明亮起來，輪廓在日光中逐漸鮮明。太陽射出第一道光線後，岩石便迸發出絢麗的色彩，奼紫嫣紅，斑斕的顏色在石壁上以驚人的速度互相追逐。隨著日光照射程度的變化，岩石呈現出不同的色澤，有淡紅、紫紅、橘紅、大紅、赭紅等顏色，到黃昏時，色譜上所有顏色都顯示過了。

這塊岩石的主要成分是長石砂岩，還有鐵的各種氧化物。正是因為這些成分，這塊岩石每天隨著時間的推移顯出各種顏色。在風雨的侵蝕下，岩石上形成許多洞窟和水池，還有些看上去很像獸形或人形的溝壑和裂紋。下雨時，岩石呈現出另外一番景象，雨水填滿洞後四散溢出，瀑布般的雨水澆灌了乾涸的溪流和沙地，為草木的生長提供肥沃的土壤，青蛙、昆蟲和鳥類也開始活躍起來。

巨大的艾爾斯巨石是平原地區最為壯觀的地理特徵。對生活在沙漠的人們來說，它具有十分重要的地位。人們不禁為它的巧奪天工而驚嘆，同時還可循著歷史的蹤跡回到遙遠的過去。據當地土著傳說，艾爾斯巨石是他們祖先在天地形成時期開闢路徑留下的標記。最早來到澳大利亞的土著是五萬年前從東南亞的島嶼遷徙來的。他們是遊牧民族，有六七百個部落。平日以捕獵為生，使用獨特的飛鏢和投矛器，此外還採摘水果和植物根莖。每個部落都是由多個自治團體組成，成員包括一名男子和他的兄弟妻兒等。女性和男性享有平等地位，兩性各有自己祭祀的地方和儀式。

土著認為這塊土地是祖先留給他們守護的，而艾爾斯巨石更是這塊土地上最重要的象徵，它上面的每道裂縫對土著都有重大意義。對於當地的土著來說，艾爾斯巨石不僅僅是奇觀，更涵蓋了悠長的文化與神聖的先祖雙重意義。

當地土著人視巨石為神聖不可侵犯的聖物，但許多旅遊者仍然在那裡隨意取走岩石碎塊作為旅遊紀念品。有趣的是，在過去的十年裡，成千上萬塊的石頭從世界各地被寄了回來，一些偷走石頭的遊人甚至不在乎昂貴的國際郵資。許多寄件人在信中聲稱這種紅色岩石給他們帶來了壞運氣，因此他們決定將它物歸原主，其中一名德國旅遊者居然寄還了一塊重達9公斤的石頭。一名英國旅遊者說，「自從我們把石頭帶回來之後，我的妻子就得了中風，而孩子們也遇到一些可怕的事情。我們什麼也沒做，但是運氣相當背。」據說這種情況屢見不鮮。這塊充滿著神祕氣息和古老傳說的赤色巨石，難道真是土著祖先留下的守護神？

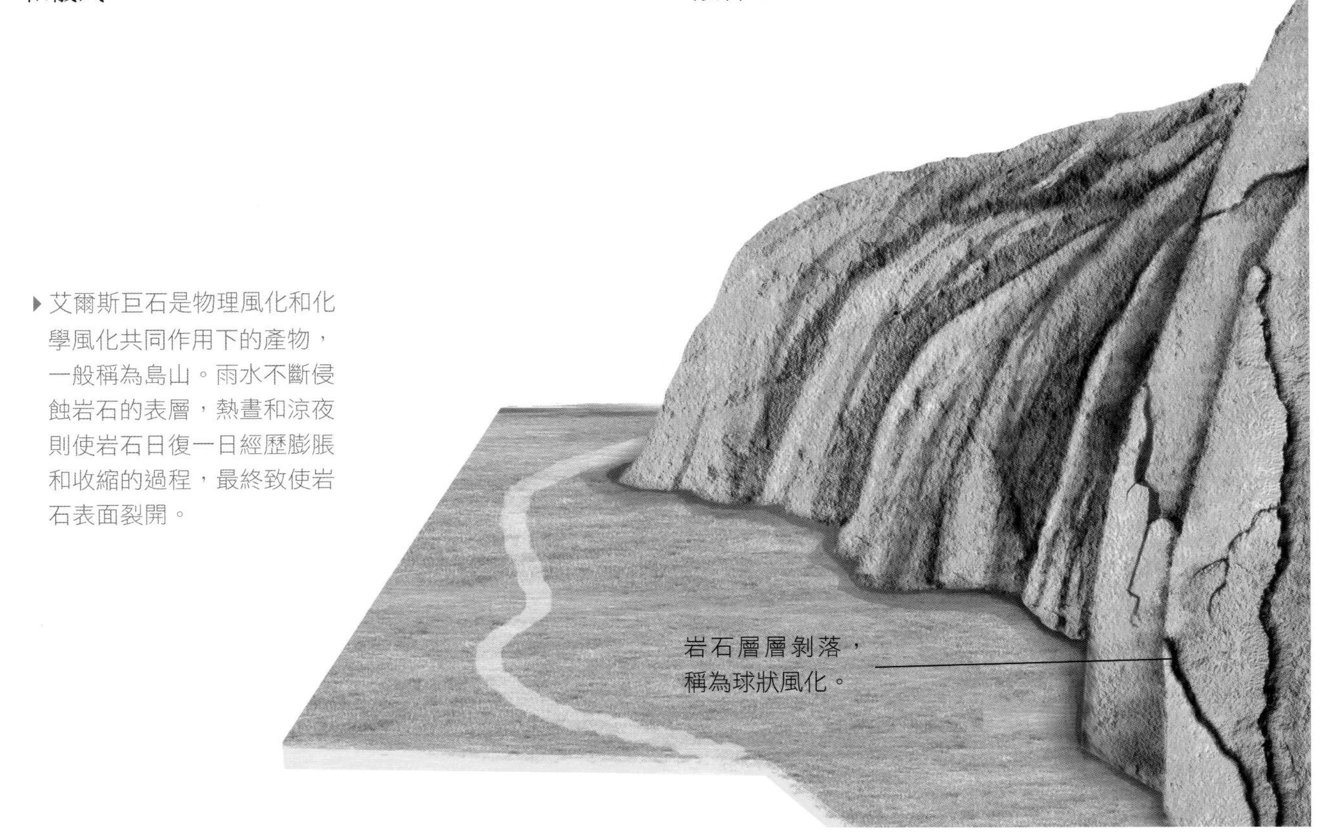

▸艾爾斯巨石是物理風化和化學風化共同作用下的產物，一般稱為島山。雨水不斷侵蝕岩石的表層，熱晝和涼夜則使岩石日復一日經歷膨脹和收縮的過程，最終致使岩石表面裂開。

伊甸園是否真的存在？

在《聖經》中描繪了一個令人神往的伊甸園，那裡是人類的始祖亞當和夏娃居住的樂園。據《聖經》記載，上帝創造了人類的祖先亞當、夏娃，然後在伊甸（地名，希伯來語）為他們建造了一個樂園供他們居住。那裡溪流淙淙，鳥語花香。亞當和夏娃在伊甸園無憂無慮地生活著，直到他們在蛇的引誘下偷嚐禁果，被震怒的上帝逐出伊甸園，從此開始經歷各種痛苦和磨難。自從《聖經》問世以後，「伊甸園」就成了地球人類生命與文明起源的象徵。人類無時無刻不在尋找這個美麗樂園的真實存在。

古人類學家和宗教界人士認為，作為伊甸園應當具備三個條件：一要是人類最早的發祥地，二要有溫潤的環境氣候，三則必須是遠古人類文明。總之，伊甸園是人類最為理想的發祥地和居住地的象徵。那麼，伊甸園在哪裡呢？人們探尋的目光與搜尋的腳步踏遍非洲、美洲、歐洲、亞洲的高山、峽谷、平原、大海，利用現代尖端的科技方法考證歷史、文物，收集大量傳說，但似乎都未能夠真正

伊甸假想圖

上帝用塵土造人，給他取名叫亞當，讓他整理、看管伊甸園。後來又為他造了一個配偶幫助他，名叫夏娃。上帝交代他們，園中的果子可以隨意取用，只有善惡樹上的果子不可以摘食。與上帝作對的魔鬼化身成蛇誘惑夏娃嚐了善惡樹上的果子，夏娃又讓亞當吃了果子。因為他們沒有遵守上帝的命令，所以被上帝逐出伊甸園。

觸及到「伊甸園」的神祕蹤影。

《聖經．創世紀》中曾記述，有河水從伊甸流出，分為四條支流──幼發拉底河、底格里斯河、基訓河和比遜河。一些學者根據這些線索開始探尋。但是，學者們遇到的第一個難題是，《聖經》中所提及的四條河如今只剩下兩條，長久以來人們一直無法確定比遜河和基訓河在何處。

美國密蘇里大學的札林斯教授經過長期的考證後，提出比遜河位於沙烏地阿拉伯境內的觀點，只不過由於地理氣候的變遷，那裡現在已成為浩瀚沙漠中一條乾涸的河床；基訓河則是今日發源於伊朗、最終注入波斯灣的庫倫河。據此，札林斯推斷，伊甸園就位於波斯灣地區四條河流的交會處，大約在最後一次冰川紀後，由於冰川融化導致海面升高，伊甸園遂沉入波斯灣海底。

如果真有所謂的伊甸園，札林斯之說應符合邏輯，也最為接近《聖經》中對伊甸園地理環境的描繪。被古希臘人稱為「美索不達米亞」的兩河流域，是人類早期文明的發祥地，也是最早適於人類生活的地方。

考古學家還發現，蘇美（今伊拉克境內的上古居民）神話與《聖經》故事頗有淵源，它們的造物神話都說人類是用黏土捏成的。楔形文字中也有「伊甸」和「亞當」等詞。蘇美神話中有一個沒有疾病和死亡的樂園，那裡住著水神恩奇與大地女神寧胡爾薩格。後來，恩奇偷吃了寧胡爾薩格造出的八種珍貴植物，寧胡爾薩格一氣之下離開了丈夫。不久，恩奇身體的八個部位患病，寧胡爾薩格不忍，便造出八位痊癒女神為丈夫療傷，其中有一個名叫「寧梯」的肋骨女神，又稱「生命女神」。而眾所周知，《聖經》中夏娃就是上帝用亞當身上的一根肋骨造的，夏娃也是人類之母，與「生命女神」有相通之處。

關於伊甸園的推測還有不少，有人說伊甸園在以色列，有人說在埃及，有人說在土耳其，還有人說在非洲、南美、印度洋等地。一些學者認為，如果四條大河是從伊甸園中流出的，那麼伊甸園的位置肯定在幼發拉底斯河和底格里斯河文明的北面。因此，他們認定這塊神祕的樂土是在土耳其北部的亞美尼亞。不過此一理論假設比遜河和基訓河不是確切存在的河流，因此只是對遙遠國度的一種含糊的描寫。

還有一些學者則認為伊甸園是在以色列。約旦河流入伊甸園後又分為四條支流，基訓河很可能就是尼羅河，而哈威拉就是阿拉伯半島。這一理論的某些支持者宣稱耶路撒冷的莫利亞山就是伊甸園的中心，伊甸園的範圍包括整個耶路撒冷、巴斯利姆和奧利維特山。

而支持伊甸園位於埃及的學者宣稱，只有尼羅河流域才符合《創世記》對伊甸園的描繪──這是一片水源豐富的樂土，但是水不是來自天上，而是從大地中冒出的水霧。事實上，尼羅河在到達第一處瀑布之前，確實是在地底下流淌的，然後才從泉眼裡流出地面。

近幾年來，學者們又幾乎不約而同地把目光集中到地球東方的中國，因為中國是世界上保持了數千年文明歷史而沒有中斷的古國。

對伊甸園的尋覓，是人類對自身從何而來充滿好奇心的探究，反映了人類對始祖的一種認同感和親和力。應該說，在崇尚科學的今天，「創世紀」說早已讓位給「生物進化論」。然而，有關伊甸園、亞當和夏娃等的話題仍頻頻被提起。究竟有沒有伊甸園，伊甸園到底在哪裡或許都不重要了。重要的是，伊甸園已成為人類心靈棲息地和精神圖騰的代名詞，我們可以肯定，人類對伊甸園的追尋還會繼續進行下去，有關伊甸園的話題也將長久地與人類如影相隨。

川流 湖泊之謎

The Mysteries of Natural Phenomena

長江源頭到底在哪裡？

中國對於長江源頭的探索，有一段很長的經歷。最早的文字記載見於《尚書．禹貢》，其中有「岷山導江」之語，意為長江發源於岷山山腳。這樣的描述當然不夠確切，但岷山和中原地區天隔地阻，以當時的文明發展，能得出這種認識已經很不容易了。

明崇禎九年（西元1636年），旅行家和地理學家徐霞客經過四年的雲貴之行，得出金沙江為長江正源的結論，雖然他並未探索到源頭，卻早已為探索源頭指明了方向。

清朝初年，對於長江源頭開始有了官方組織的實地考察活動，大致摸出了江源地區的水流脈絡，繪製出在當時來說很具水準的地圖。稍後有專著如齊召南的《水道提綱》提及金沙江的上源通天河即是長江的上源，但書中對於長江最上游眾多支流的細節卻交代得模糊不清，而這恰恰是決定長江源頭的關鍵所在。

人民政府成立後，有關長江源頭的說法才趨於一致。西元1976年，中

▲ 長江發源於中國西南部的青康藏高原，這裡的冰川融水成為長江最初的水源。

▲長江三峽之巫峽

▲長江三峽之瞿塘峽

國政府曾派遣專家組成考察隊來到長江源頭地區。考察得出長江源頭的五大河流中，以沱沱河最長，約375公里，當曲（「曲」為藏語中的「河」）長357公里，並據此確定發源於各拉丹冬雪山的沱沱河為長江源頭。

目前國內外採用的長江長度，依據的是二十多年前的測定結果。那次測定顯示長江的長度超過美國的密西西比河，是世界第三大河流，僅次

▲葛洲壩水利樞紐工程
位於南津關東的長江上，有「長江第一壩」之稱。

於非洲的尼羅河和南美洲的亞馬遜河。

一般確定大河源頭的標準，除「河源惟遠」外，還有「水量惟大」和對應於河流主方向等標準，因此有一些人對於把沱沱河當作長江正源持保留看法，其中也包括地理學、測繪學的研究人員。因為當曲的水流量是沱沱河的5～6倍，流域面積是沱沱河的1.8倍；另外，長江入海口江面寬闊，與海水的界限也難以確定。

西元2000年，中國科學院遙感應用研究所研究員劉少創重新測量長江長度後，發現長江長度為6,211.3公里，比公認的6,300公里還要短了八十多公里。

同時，劉少創還測量出長江各分段的長度：當曲360.8公里、沱沱河357.6公里、通天河787.7公里、金沙江2,322.2公里、宜賓以下2,740.6公里。

據此，劉少創提出長江源頭新說，他認為發源於唐古喇山北麓的當曲才是長江真正的源頭。

以往人們通常使用航空影像地形圖來測算河流長度。當年參與考察的水利部長江水利委員會專家石銘鼎說，長江源頭水流散亂，究竟哪裡才是正源，在學術界也是眾說紛紜。而且，當年他們使用近百幅比例尺為1：100000的地形圖在老式電腦上進行計算，測量時起點、終點定在何處以及選用地圖的比例尺大小都會影響到結果的準確。而那時北京經常停電，計算數據有時也會因此受到影響。

此次，劉少創領導的課題小組則使用衛星遙感技術測量長江長度。課題小組利用由美國地球資源衛星拍攝、解析度達到30公尺的近四十幅覆蓋長江幹流的衛星影像，根據最近陸地資源衛星影像獲得的遙感資料和過去的地形資料，沿著河道的中心線，對長江正、反向各量測了三遍，經電腦多次運算和幾何糾正，測算長江源頭地區五條河流的長度後得出結果：當曲長360.8公里，比沱沱河還要長3.2公里。當曲源頭位在東經94° 35'54"，北緯32° 43'54"，海拔5,042公尺。從這裡算起長江的長度最長。西元2000年9～10月，劉少創赴長江源區，對沱沱河和當曲進行實地考察，驗證了上述結論。

▲長江三峽之西陵峽

那麼，長江又「短」在哪裡呢？

計算得出長江源頭長度差異僅3公里。長度「縮水」的部分主要不在源頭，而是在長江的中下游。劉少創認為這是一個很複雜的問題，長江河道的主泓線經常會發生變化，有的地方會有截彎取直，影響到測量的準確性，但最主要的原因還是在於測量技術的改進和起止點的不同。

國家重要地理資料的更新是個引人注目的問題，具有非常重要的意義。以珠穆朗瑪峰高度為例，中國在西元1966年、1975年、1992年、1998年和1999年先後五次對珠峰高度進行了測量，每次除了能夠得到新的資料，也同時推動了大地測量理論與技術的發展；遺憾的是，對於和人民生活更為密切的長江，卻未能根據環境變化和技術的發展及時更新資料。劉少創希望這次對長江長度的測量能夠彌補這一遺憾，但他提出的長江源頭新說，經媒體公布後立刻引起了地理學界新一波的爭論，並且至今還沒有得到國家有關權威部門的認可。

▼上海
長江入海口。地理位置重要。

黃河還在長大嗎？

黃河發源地究竟在哪裡？在五千多年的歷史長河中，中國人民曾對黃河的發源地進行了多次探索。然而限於當時的科學水平和各方面的條件，一般都只能到達星宿海一帶。歷史文獻中記載星宿海「小泉億萬，不可勝數，如天上的星」。星宿海，藏語叫 「錯岔」，意為花海子，是大片沼澤及許多小湖組成的低窪灘地。這裡的水中密布著堆形或塊狀的短草，枯葉爛根年年積累，看起來像表面鬆軟的沼澤地帶，走在上面，非常容易下陷。其實「星宿海」並不是真正的黃河源頭。人民政府成立後，政府亦曾多次派出河源勘察隊尋找河源。

青海南部高原水系錯綜，河道縱橫，有「江河源」之稱。長江和黃河僅巴顏喀拉山一脈之隔，直線距離二百多公尺。究竟黃河河源在哪裡，學術界一直爭論不休。二十世紀50年代初期，普遍認為約古宗列曲為黃河源頭。目前主要有兩種看法：一種認為黃河多源，其源頭分別是扎曲、卡日曲和約古宗列曲；另一種說法則認為卡日曲全長201.9公里，是上述三條河流中最長的，理應定為正源。

黃河的河源地區既沒有龍門激浪洪波噴流的氣勢，也沒有壺口飛瀑巨靈咆哮的聲威，只有潺潺細流蜿蜒而

來，穿越坡地、草灘和沼澤，繞行於巴顏喀拉山的群峰之間，河水散亂，難以辨認主河道。黃河的藏語名稱叫「瑪曲」，即孔雀河之意。當地人根據黃河河源周圍有眾多小湖的地理景觀，每當登高遠眺，數不清的大小湖泊宛如點點繁星，恰似孔雀開屏，便冠以孔雀河的美名，確實恰如其分，實至名歸。

黃河的河源地區氣候酷寒。八月裡就似數九隆冬，年平均溫度不足14℃，一年只有七天絕對無霜期。即使在一天之內，陰晴

▲巴顏喀喇山

為崑崙山脈的南支，是黃河和長江源流區的分水嶺。

風雪變化之快也令人難以置信。

黃河在內蒙古自治區托克托縣以上為上游，河道長三千四百多公里，大致自劉家峽以上屬青康藏高原範圍。由於高原整體上升和河流下切作用強烈，黃河上游峽谷眾多。萬里黃河上的第一個峽谷是位於星宿海盆地和約古宗列盆地之間的茫尕峽谷，該峽谷東西延續18公里，谷寬500～1,000公尺，谷底和山頂高差100～200公尺，黃河通過峽谷的流量為每秒1.6立方公尺。劉家峽是黃河在青康藏高原的最後一個

黃河花園口

位於河南省鄭州市北18公里處，緊靠黃河南岸。明朝時一名吏部尚書在此修建花園，後河道南移，花園被水吞沒，成為黃河渡口，名花園口。

◂ 水勢洶湧、泥沙翻滾的黃河

峽谷，風刀雨劍砍削石壁，形成12公里長的通道，有如人工開鑿而成的水渠。如今，一座巍峨挺拔的大壩矗天而立。壩高147公尺，圍成的大水庫全長65公里，總庫容57億立方公尺。遠看水面浩瀚，霧水茫茫，仿佛碧波仙女披著一層薄紗。

當然，黃河上游最著名的，便是龍羊峽了。黃河在這裡劈開近百里長的峽谷，兩岸壁立千仞，懸崖聳立高達700公尺。河谷深窄，水面寬僅四五十公尺，峽谷內天然水面落差225公尺。龍羊峽水電站是黃河上游水力發電梯級電站的龍頭。高原峽谷人煙稀少，在這裡建電站工程量小。而且，黃河愈往上游，水土流失愈輕微，河水泥沙含量小，不會出現由於泥沙嚴重淤積不能蓄水的問題。

太湖原來是個隕石坑？

太湖的水域形態就像佛手，作為江南的水網中心，太湖蘊藏了豐富的資源並孕育了流域內人口的繁衍生息，自古就被譽為「包孕吳越」；歷代文人墨客更是為之陶醉，留下了許多膾炙人口的詩句。太湖風光秀麗，物產富饒，附近的長江三角洲河道縱橫，湖蕩星羅棋布，向來是中國的魚米之鄉。太湖四周群峰羅列，出產的碧螺春名茶與太湖紅橘，在古代就是年年要獻給朝廷的貢品。太湖裡還有豐富的水產，其中的太湖銀魚，身體晶瑩剔透，肉質細嫩，是筵席上的美味佳肴。

然而，這樣一個兼具秀麗風景和浩渺壯闊氣派，飲譽中外的太湖，關於它的成因，直到今天還爭論不休。

早在二十世紀初，中國地理學家丁文江與外國學者海登施姆就認為，是大江淤積導致了太湖的形成。他們指出，在五千年前江陰為海岸，江陰以東、如皋以南、海寧以北，即包括太湖地區在內都是長江淤積的範圍，這是最初對太湖成因所作的理論上的描述。

到了二十世紀30年代，由於在湖區地底發現有湖相、海相沉積物等，所以學術界對太湖的形成有了較成熟和系統的看法。著名的地理學家竺可楨與汪湖楨等提出了潟湖成因論，潟湖論在之後又不斷被充實進新的內容。德國人費師孟在西元1941年提出，經太倉、嘉定外岡、上海縣馬橋、金山漕涇，直至杭州灣中的王盤山附近，為一沙嘴組成的岡身，是西元一到三世紀的海岸線。經對位於岡身的馬橋文化遺址下的貝殼碎屑進行碳14測定，基本上公認岡身為六千年

前的古海岸線。

▲太湖風光

在總結前人研究的基礎上，中國大陸華東師範大學海口地理研究所的陳吉余教授等人發展和完善了瀉湖論。該論點主要依據太湖平原存在著海相沉積來推斷，認為長江帶來的大量泥沙逐漸在下游堆積，使當時的長江三角洲不斷向大海伸展，從而形成了沙嘴。沙嘴環繞著古太湖的東北岸延伸並轉向東南，與錢塘江北岸的沙嘴相接，將古太湖圍成一個瀉湖。後來又因為泥沙的不斷淤積，這個瀉湖逐漸成為與海洋完全隔離的大小湖泊，太湖則是這些分散雜陳的湖群的主體，水質經過日積月累的淡化，便形成今日的太湖。

近年來，隨著對太湖地區地質、地貌、水文、考古和文獻資料等方面的不斷研究，尤其是幾十處距今五千到六千年前的新石器時代遺址，以至漢、唐、宋文化遺物的發現，許多研究者對瀉湖論中所存的問題提出質疑。認為在海水深入古陸地的過程中，雖然是一邊沖蝕，一邊沉積，

▲太湖春曉

但這兩個過程在古陸地上的作用力卻不相當，有的地方雖有瀉湖地貌的沉積，但它不具整體意義。因此，瀉湖論雖然可以解釋太湖平原的地形和地質上的海湖沉積，但難以解釋何以在太湖平原腹地泥炭層之下及今日湖底普遍有新石器遺址與古生物化石的存在，同時這也與全新世陸相層的分布範圍不符，所以便有許多人提出太湖平原的大部分原為陸地。

人們推測，大約在六千到一萬年前，太湖地區是一片低平的平原，人們曾經居住在這裡生活。由於地勢較低，久而久之積水成湖，人們還來不及搬走他們的家當，就已被洪水淹沒了。

至於太湖這片窪地的形成，他們認為和這裡的地殼運動有關。太湖地區可能一直是一個地殼不斷下沉的地帶，由於地勢低窪，從四面八方匯入的流水不能及時排出去，自然就形成了湖泊。

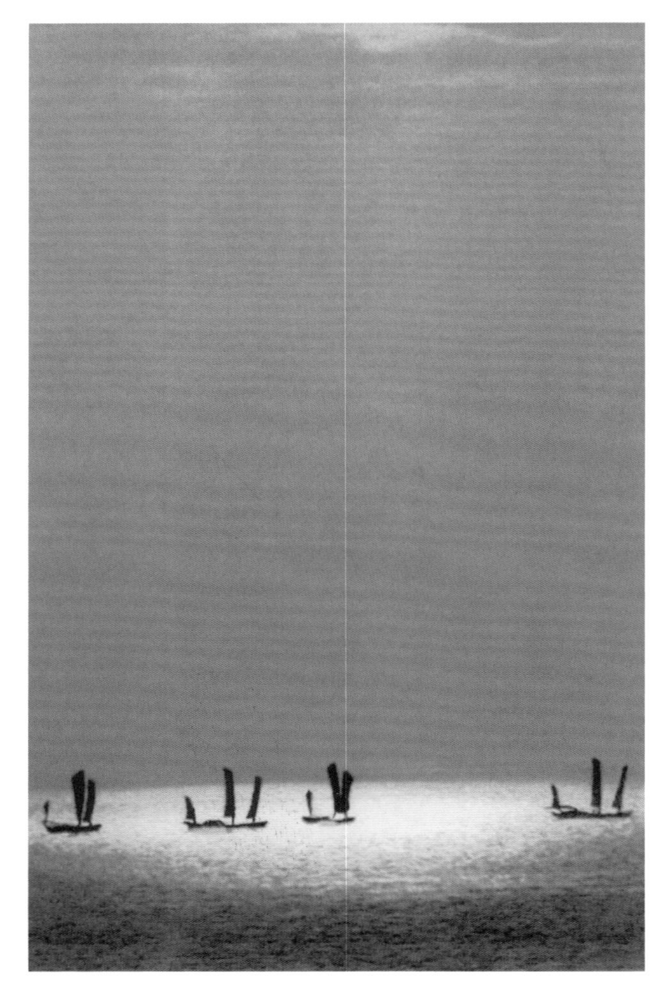

▲ 各類湖泊構成示意圖

▲太湖弄舟

太湖的「平原淹沒說」尚未廣泛流傳時，又出現了另一種成因說。近年來一批年輕的地質工作者們用全新的觀點來解釋了太湖的成因。

他們大膽地假設，可能是在遙遠的古代曾有一顆巨大無比的隕石從天外飛來，正好落在太湖的位置上。也就是說，偌大的太湖竟然是隕石砸出來的！他們估計，這顆隕石對地殼造成的強大衝擊力，其能量可能達到幾十億噸的黃色炸藥爆炸產生的能量，或者等於一千萬顆在日本廣島上空爆炸的原子彈的能量。

提出「隕石衝擊」假說的年輕人，舉出了如下幾個方面的證據：

第一，從太湖外部輪廓看，它的東北部向內凹進，湖岸線破碎得非常嚴重；而西南部則向外凸出，湖岩非常整齊，就像一個平滑的圓弧，與地球上其他一些大陸上遺留下來的隕石坑外形十分相似。

第二，研究者在調查中發現，太湖周圍的岩層斷裂有驚人的規律性。在太湖的東北部，岩層有不少被拉開導致的斷裂，而西南部岩層的斷裂多為擠壓形成；這種地層斷裂的異常情況，應該是受到一種來自東北方向的巨大衝擊所致。

第三，研究者還發現，太湖四周遍布成分十分複雜的角礫。使用顯微鏡研究這些岩石，可以觀察到因衝擊力作用而在岩石上產生的變質現象。另外，他們還在太湖附近找到了不少宇宙塵和熔融玻璃，這些物質只有在隕石撞擊下才會產生。

研究者由以上的論點推斷，這顆隕石是從東北方向俯衝下來的。由於太湖西南部正好對著隕石墜落的正前方，承受的衝擊力最大，所以產生放射性斷裂；而東北部受到拉張力的作用，形成與撞周方向垂直的張性斷裂。由於隕石巨大的衝擊力使得岩石變質及破碎，便形成成分混雜的角礫岩。

由此可見，目前學者們對太湖的成因尚未建立起共識，但所有這些不同的觀點都有助於推動未來更進一步的調查和研究。隨著不斷地深入探究，相信人們最終一定能揭開撲朔迷離的太湖成因之謎。

濟南大明湖是如何形成的？

濟南市位於魯中南山地北部與華北平原的交界上，北面有黃河流過，南面緊接泰山前坡，這座城市可說是處在一個凹陷中，而大明湖正居於凹地的底部。雖然它只是一個天然的小湖泊，卻以其美麗可愛而蜚聲國內。這種出現在城市裡、封閉式的湖泊一般而言非常罕見，其成因肯定非常特殊。這個湖泊是從什麼時候開始、在怎樣的情況下形成的，我們還無法確定。

大明湖是一個由泉水在低地上匯聚而形成的湖泊，湖水水源主要來自南側山麓的泉水。從前濟南的名泉如趵突泉、黑虎泉、珍珠泉、五龍潭泉四大泉群的水或直接或間接地匯入湖中，今日這些泉水大多數已不再為大明湖提供水源，僅有珍珠泉、芙蓉泉、泮池、王府池諸泉仍注入湖內。湖水從東北隅匯波門流出，會合護城河水，流入北面的小清河後注入渤海。

▲ 大明湖風光

這種特殊的現象在中國並不多見，大概只為濟南這樣的「泉城」所特有。古時候濟南被稱為「泉城」，有「齊多甘泉，甲於天下」的說法。這個名傳千古的泉城裡究竟有多少座泉水？過去的說法是城內外共有七十二處，其實遠不止此數。據中國政府成立後實地調查的結果，僅在濟南市區就有天然泉水一百零八處。諸泉匯聚於地勢低平的城北，形成一片廣大的水域。今天這片水域的許多部分已被填塞為市街，而剩餘的水域面積則以大明湖占地最廣。濟南為何如此多泉？這與它的水文地質條件有關。

科學家們認為泉水跟傾斜的岩層間或許存有一定程度的關聯。濟南所處的地帶界於石灰岩和岩漿岩這兩種岩性不同的岩層間，恰好為泉水的形成和出露提供有利的條件。

▲大明湖公園內的小滄浪亭

濟南的南面有綿延的小群山如千佛山等，它們都是由厚層的石灰岩構成，岩層略向北傾。石灰岩層內大小溶洞和裂隙很多。山地降水滲入地底，水量累積多了就順著傾斜的岩層和裂隙往北流動，當流到濟南北面時，遇到了組成北面丘陵的不透水岩漿岩的阻擋便停滯下來，成為受壓水。受壓水一遇到地層薄弱的部分便冒出地面，成為大大小小的湧泉。而大明湖所在之處正是濟南北部最低窪的地方，諸泉在此匯聚，時間久了便形成湖泊。

大明湖在歷史上變化很大。北宋以後，由於人類活動頻繁，生態環境惡化，古大明湖已逐漸堙塞，現在的大明湖是由古大明湖東面的一片水域即曆水陂演變而來的。在中國人民政府成立前，社會的動盪和貧困使大明湖亦跟著黯然失色，失修的湖內多為雜亂的湖田，湖邊是坍塌的泥岸，岸旁道路泥濘不堪。人民政府成立後，疏浚了湖底，用石頭砌成湖岸，對環湖大道及各種建築都進行了修整。此外還增設新設施，規劃新景點，大明湖又恢復了昔日「四面荷花三面柳」的風貌，這處著名的遊覽勝地也因此重新散發青春的光彩。

青海湖如何成為中國的死海？

大約在二千多萬年前，青康藏高原還是一片汪洋大海，後由於地殼運動，海底隆起成為陸地，青海湖地區因斷層陷落，而成為一個巨大的外瀉湖，湖水從東西口注入黃河。到第四紀造山運動時，湖東的日月山異峰突起，封閉了瀉水口，而形成內陸湖，由於各河流水進入湖中被鹽化，因此成為鹹水湖。古青海湖面積很大，後來因為當地氣候日趨乾燥，湖面逐漸縮小，以致成為現在的樣子。

青海湖的四周為群山環繞，北有崇峻壯觀的大通山，東有巍峨雄偉的日月山，南有逶迤綿延的青海南山，西有崢嶸挺拔的橡皮山。湖區有大小河流近三十條，湖東岸有兩個子湖，一個是面積十餘平方公里的尕海，係鹹水；另一個是面積四平方公里的耳海，為淡水。在青海湖畔眺望，蒼翠群山合圍，山巔冰雪皚皚，湖光瀲灩，雪山倒映，水天一

▼青海湖

色，煙波浩渺，魚群歡躍，萬鳥翱翔。湖濱一望無際，地勢開闊平坦，水源充足，氣候溫和，是水草豐美的天然牧場。夏秋草原，綠茵如毯，金黃油菜，迎風飄香；牧民帳篷，星羅棋布；牛羊成群，如雲飄動。偶爾從遠處傳來一陣悠揚的歌聲，抒懷、暢想油然而生。這如詩如畫的美景，令人流連忘返；更有日出日落的壯麗景色使人心曠神怡。

青海湖中心偏南的著名島嶼是海心山，長2.3公里，寬約800公尺，高出湖面七八公尺，自古以產「龍駒」（從波斯引進、培育的良種馬）而聞名，又以佛寺古剎而顯神聖。這裡環境幽雅，綠草如茵，天朗雲薄，淡水清泉，風景宜人。古剎白塔坐落在山南石崖前，石洞內外有經堂、殿宇、僧舍數間，其法器、壁畫、白塔甚是可觀，堂前壁上有多座彩色佛像和生動的故事繪畫。相傳歷史上有不少名僧曾在此修行煉丹。登上海心山的頂端，從海拔3,266公尺的高處可俯瞰青海湖的全貌，那海闊天空的壯觀，水藍雲淡的秀美，盡收眼底，一覽無遺。

在湖的西北部有馳名中外的鳥島，它是最誘人的奇觀。面積僅0.015平方公里，每年五、六月份是觀賞鳥兒王國盛況的最佳時期。來自中國南北和東南亞等地的斑頭雁、棕頭鷗、魚鷗、赤麻鴨、鸕鷀和黑頸鶴等十多種候鳥，成群結隊返回故鄉，營巢產卵，孵幼育雛，棲息在這個小島上，最多可達十萬隻以上。牠們或翱翔於藍天之間；或嬉游於碧波之中；或悠閒信步於沙灘之上；或安然棲息在巢中，熙熙攘攘，熱鬧非凡。鳥兒發出的鳴聲，匯集成一首奇妙的交響樂曲，娓娓動聽。島上遍地都是各式鳥巢和各色鳥蛋，幾乎無遊人立足之地。這個看似散亂的眾鳥部落，如遇到「天敵」，便精誠團結，群集而起，向來犯者發起猛烈攻擊。萬鳥齊飛時，隱天蔽日，極目縱觀，不由得使人心神俱往。

羅布泊為何是幽靈湖？

酷熱、乾旱、風沙、陡崖、鹽灘，使得人們不能接近羅布泊，多少年來一直被稱為「死亡之路」。歷史上曾有許多中外學者試圖衝破層層阻礙穿越大沙漠，完成對羅布泊的考察，然而許多人都是壯志未酬甚或是魂斷沙漠。就是僅有的幾次成功考察，卻又在羅布泊的確切位置上產生分歧。

最先引起羅布泊是遊移湖爭論的是俄國探險家普熱瓦爾斯基，他在西元1876年曾到羅布泊位於塔里木河口的喀拉和順境內，比中國地圖上所繪的位置還要偏南，緯度大約有1°之差，而且，他所見到的湖泊是一片淡水湖，蘆葦叢生的大沼澤地，聚集著成千上萬的鳥類。而北羅布泊的水都已乾涸，變成鹽灘，十分荒涼。

普熱瓦爾斯基認為，羅布泊從形成時期起，它的位置和形態就隨著充水量的變化而南北變動著，有時偏北，有時偏南，有時水量很多，有時則很少，甚至十分乾涸。

瑞典的斯文．赫定到羅布泊地區考察，也認為羅布泊遊移到喀拉和順去了。斯文．赫定還推測出羅布泊遊移的原因，他認為羅布泊遊移是由於進入湖中的河水（塔里木河）夾帶著大量泥沙，泥沙沉積在湖盆，使湖盆抬高，導致湖水往較低的方向移動。過一段時期後，被泥沙抬高露出的湖底又遭受風的吹蝕而降低，這時湖水又回到原來的湖盆中。羅布泊像鐘擺一樣，南北遊移不定，而遊移週期可能為一千五百年。

但也有人認為羅布泊從來就不是個遊移湖。盧支亭先生認為羅布泊由於受湖盆內部新構造運動和入湖水量變化的影響，在歷史上常出現積水輪廓的大小變動，此種變動本來是一種自然的歷史演變過程，所以不能因此將它稱為遊移湖或交替湖。

中國科學院新疆綜合考察隊地貌組透過對羅布泊進行實地調查和分析衛星照片，證明羅布泊從第四紀以來

▲羅布泊是塔里木盆地的凹陷中心，水滿時形成一個大湖，乾旱時則分為幾個湖或消失不見。

▲樓蘭羅布泊一帶的大片雅丹地貌

▲羅布泊探祕
著名科學家彭加木就長眠於此（西元1980年），探險家余純順也在這裡獻出了寶貴的生命（西元1996年）。

始終沒有離開過羅布泊窪地，雖然由於各個歷史時期的氣候變化、古代水文條件的改變以及最新斷塊運動而導致其水量的漲縮，但它始終是在湖盆內變動，湖水從未超出湖盆範圍以外的湖面。

羅布泊在水面漲縮變化過程中，除了最重要的結構因素、古代水文因素，還有人為因素。進入階級社會，一些河川的改道總是以人的因素為主，特別是乾旱少雨的塔里木河、孔雀河下游的改道，如果不與社會聯繫起來，從人與自然的相處上面尋找原因，是難以找到正確的答案的。

從目前來看，以上兩種說法似乎各占其半，勢均力敵，不管這個謎底究竟是什麼，我們都應該好好思考，如何不要讓短期的人為活動破壞自然的規律，怎樣做才是對自己、對自然、對子孫負責的行為。

▲羅布泊所在之處曾存在過一個強盛的古國——樓蘭，而今只留下這些斷壁殘垣。

西湖的前身是一個海灣嗎？

一種說法認為西湖是由築塘而形成的，這是古今比較一致的看法。西湖本與海通，東漢時錢塘郡議曹華信為防止海水侵入，招募城中人民興築「防海大塘」，修成後，「縣境蒙利」，因此便連錢塘縣衙門也遷來了，這就是今日杭州市的前身，西湖從此與海隔絕而成為湖泊。歷代學者都承襲此說，流傳至今。

西元1909年，日本地質學者石井八萬次郎提出，是火山爆發噴出岩漿阻塞海灣，從而形成西湖的論點。

中國知名科學家竺可楨透過詳細調查研究，認為西湖原是一個潟湖，推翻石井八萬次郎的推斷。他認為，西湖原本是一個海灣，後由於江潮挾帶泥沙在海灣南北兩個岬角處（即今吳山和寶石山）逐漸沉澱堆積發育，最後相互連接，使海灣與大海隔絕而形成潟湖。

魏嵩山先生根據《史記・秦始皇本紀》記載，西元前210年秦始皇東巡會稽，「至錢塘，臨浙江，水波惡，西百二十里從狹中渡」，認為當時（杭州附近）的錢塘江水面仍相當遼闊。而《漢書・地理志》所載「武林山，武林水所出，東入海」，則更清楚地表明直到西漢時期西湖仍為海灣，杭州市區尚未成陸。因此，魏氏確信劉道真《錢塘記》所載華信築大塘之事，認定西湖與海隔絕成為內湖，時間應是在東漢。

▲白堤

林華東先生對「西湖是因為東漢華信築塘成功後才形成」的說法提出異議，認為倘確有華信築「防海大塘」，其功能也應是防禦海潮衝擊吞沒陸地的捍海塘。東漢華信築防海大塘時，內側地帶早已成陸，築塘是為保護陸地不被海水吞沒，而不是促成西湖的成因。林氏主張最遲在東漢之

前，西湖就已形成。

吳維棠先生從西湖東岸望湖飯店地下四公尺深的鑽孔採樣中，發現有一黑色富含有機質和植物殘體的黏土層，透過碳14年代檢測得知距今二千六百年左右。白堤錦帶橋兩側的五六公尺深處的鑽孔中，有一炭化程度較高的泥炭層，厚10～50公分，用其上部的標本作碳14年代測定，為距今一千八百零五年左右。泥炭層之下是青灰色粉砂質黏土，富含有機質和炭化的植物枯枝，孢粉分析結果，有黑三稜、眼子菜等陸上淺水生植物，可見當時西湖已是沼澤。據此估計，西湖在春秋時代已經沼澤化。

在疏通西湖的時候，工人們曾發現一些石器和戰國至漢代的鐵斧，很可能是人們從事漁獵生產活動掉落的。因此，吳維棠先生推斷：在西漢前，杭州非但不是海灣，連海灣成陸後遺留下的殘跡湖（西湖）都已沼澤化。這就無怪乎《史記》、《漢書》、《越絕書》等古籍中，只記及錢塘縣和別的湖泊，而沒有古西湖的記載。

儘管至今人們還不能清楚地知道西湖的成因，但隨著研究的深入，相信科學家會給我們一個滿意的答案。

▲花港觀魚

▼作為西湖風景區標誌的保俶塔一如亭亭玉立的少女，以其命名的「寶石流霞」亦為西湖新十景之一。

錢塘湧潮之謎

關於「一年一度錢江潮」的說法是不科學的。它讓不瞭解情況的人產生一個錯覺，以為錢塘江潮一年只有一次。其實錢塘江在每個月都有兩次大潮汛，每次大潮汛又有三、五天可以觀賞湧潮。錢塘江河口和杭州灣位於北緯30°至31°之間。就天文因素而言，除南岸灣口附近屬非正規半日潮外，其餘地方的潮汐均屬半日潮，即一日有兩次潮汐漲落，每次漲落歷時12小時25分，兩次漲落的幅度略有差別。潮汐是有「信」的，到了該來的時候就一定來，絕不會爽約。那麼湧潮為什麼會這麼有規律呢？

我們知道，地球上的海洋潮汐是海洋水體受天體（主要是月亮和太陽）引力作用而產生的一種週期性運動。潮汐的漲落有一定的規律，中國人早就認識了此一自然現象。陰曆每月有兩次大潮汛，分別在朔（初一）日之後二、三天和望（十五）日之後的二、三天，而在上、下弦之後的二、三天則分別為小潮汛。

每年三月下旬至九月上旬，太陽偏向北半球時，朔汛大潮大於望汛大潮，且在大潮期間日潮總是大於夜潮；而在九月下旬至次年三月上旬，太陽偏向南半球時，情況剛好相反，朔汛大潮小於望汛大潮，大潮期間的日潮也總是小於夜潮。愈接近春分和秋分，這種差異愈小；愈接近夏至和冬至，這種差異愈大。就全年而言，則以春分和秋分前後的大潮較大。至於這兩個時期的大潮哪個大，則有為期十九多年的週期變化，其中一半時間春分的大潮大，另一半時間秋分的大潮大，兩者的差別也由小逐漸增大，然後又由大逐漸減小。

風對潮汐傳播也有很大影響。錢塘江湧潮若得到東風或東南風相助，將更為壯觀；若遇西風或西北風，則將大大遜色。因此，陰曆七月望汛的大潮常常勝過陰曆八月望汛大潮，俗

▲錢塘江大潮

▲海寧夜色

稱「鬼王潮」。陰曆八、九月初的大潮勝過陰曆八月望汛大潮的機會也很多。實際上，一年最壯觀的湧潮並不都在陰曆八月十八日。宋代陳師道「一年壯觀盡今朝」的說法，只不過是當時已形成陰曆八月十八日觀潮的風氣而已。

錢塘江湧潮是東海潮波進入杭州灣後，受特殊的地理條件作用所形成的。江道地形的影響特別大，不僅使湧潮景觀千變萬化，而且使湧潮抵達沿岸各地的時間受到明顯影響。

在南宋之前，整個錢塘江和杭州灣平面輪廓呈一順直的喇叭形，潮勢直沖杭州以上。呂昌明量定的杭州四時潮候圖便是針對當時情況制定的。自北宋末期，江道開始變彎，杭州的潮勢開始衰退，至明末清初江道首次靠近鹽官，海寧潮勢遠勝於杭州，杭州的潮候大大推遲，呂昌明量定的四時潮候圖已不適用於杭州，卻大體上適用於海寧。

二十世紀60年代後期開始大規模治江圍塗，人為地加速河口演變過程，江道形勢又發生巨大變化，沿江各處的潮勢也隨之而異，不僅杭州的潮候進一步推遲，海寧鹽官的潮候也有所推遲。

潮汐既然是海洋水體受天體引力作用而產生的一種週期性運動，那麼它應該是周而復始、永不誤期的。錢塘江湧潮為海洋潮波在錢塘江河口這種特殊地形條件下的特殊表現，當然也應遵守這種規律，可是從唐代以來的記載中看，錢塘潮湧卻多次失期。潮水為什麼該漲的時候不漲，不該漲的時候反而巨浪滔天呢？這裡恐怕跟錢塘江河口的地理有密切的關係。

錢塘江湧潮既然是東海潮波在錢塘江河口特殊地形條件下的特殊表現形式，就必然要受河口地形條件變化的左右。上述湧潮失期現象全部發生在杭州。唐朝以前，錢塘江江道順直，潮頭直沖杭州，故而杭州上下，潮勢強勁。後因杭州灣北岸逐漸北退，南岸則向北淤漲；而杭州至海寧間江道又由南向北移，河道由直變彎，長度增加，湧潮也隨之下移。

隨著歷史的發展，江道的演變，杭州的潮勢便有所衰退。另外，錢塘江河口的泥沙主要來自大海，漲潮流中挾帶著大量泥沙，落潮時部分泥沙淤積在河口段，靠每年汛期上游來的山水將泥沙往下沖移。一旦遇上雨少天旱，山水流量小的年份，便造成河口江道淤塞，妨礙潮波傳播。當江道淤塞較嚴重時，湧潮便不能到達杭州。所以，湧潮失期並不是沒有產生湧潮，而是傳播受阻，到不了杭州。

近二、三十年內，湧潮失期現象時有所聞。不僅出現在杭州市區，赭山、喬司一帶也曾有過。杭州附近曾連年發生湧潮打翻船隻，甚至湧潮沖上岸掀翻汽車的事故。西元1976年開始，錢塘江山水偏少，加上西元1978年至1979年連續乾旱，海寧八堡東面江心的沙洲北移，甚至同北岸相連，江道在這裡又形成了一個大灣，湧潮不僅傳播不到杭州，連海寧鹽官鎮的湧潮也大為減弱，以至於來觀潮的中外遊客乘興而來，敗興而去，感嘆「海寧觀潮名存實亡」，「只有人潮，沒有湧潮」。其實，只要地點選擇得當，仍可以欣賞到頗佳的湧潮。

一般說來，湧潮總是有規律地在錢塘江上出現，但有的時候由於受複雜的環境因素影響，偶爾會「失信」於人，這也是錢塘江潮最令人捉摸不定的所在。

貝加爾湖為何會有海洋生物？

貝加爾湖位於俄羅斯東西伯利亞南部，中國古代稱「北海」，那裡曾是中國古代北方民族主要的活動地區，漢代蘇武牧羊即在此地。「貝加爾」一詞源於布里亞特語，意為「天然之海」。湖面狹長彎曲，有如一輪彎彎的月亮鑲嵌在崇山峻嶺中，它長636公里，平均寬48公里，最寬處79.4公里；面積約31,500平方公里，是世界上第七大湖泊。貝加爾湖是全世界最深也是蓄水量最大的淡水湖，容納了地球全部淡水的五分之一，相當於北美五大湖的總蓄水量。

貝加爾湖是由地殼的深裂谷或積水而形成的。二千萬年前，這裡曾發生過強烈的地震，地殼岩層發生大斷裂，大塊土地塌落下去，形成巨大的盆地，急流的河川向盆地飛奔而來，形成了瀑布，不斷地注入湖中。至今，仍有色楞格河等三百多條河流注入該湖泊，但只有一條河——安加拉河從湖泊向北流去，奔向葉尼塞河，年平均流量僅為每秒1,870立方公尺。

在湖水向北流入安加拉河的出口處有一塊巨大的圓石，人稱「聖石」。當湖水上漲時，圓石宛如滾動之狀。相傳很久以前，湖邊居住著一位名叫貝加爾的勇士，他有一個美貌的女兒安加拉。有一天，海鷗飛來告訴安加拉，有個勤勞勇敢的青年葉尼塞非常愛慕她。安加拉聽了怦然心動，但貝加爾斷然不許，安加拉只好乘父親熟睡時悄悄出走。貝加爾醒來後，追之不及，便投下巨石，以擋住女兒的去路，可是女兒早已離去。從此以後，那塊巨石就屹立在湖中間。

貝加爾湖中還散落著二十七個島

嶼，最大的是奧利洪島，面積約730平方公里。湖濱夏季氣溫比周圍地區約低6℃；冬季約高11℃，相對濕度較高，具有海洋性氣候特徵。在冬季，湖水凍結至1公尺以上的深度，歷時四到五個月。但是，湖底深處的溫度一直保持3.5℃左右。

貝加爾湖蘊藏著豐富的生物資源，是俄羅斯的主要漁場之一。湖中生活著六百多種植物和一千二百多種動物，其中四分之三是世界其他地方尋覓不到的。奇怪的是貝加爾湖是淡水湖，但湖裡卻生活著許許多多海洋生物，如海螺、海綿、龍蝦等。在貝加爾湖裡還生活著世界上唯一的淡水海豹，牠們喜歡成群結隊活動，冬季時常在冰中咬開洞口來呼吸。由於海豹一般是生活在海水中的，人們曾認為貝加爾湖是藉由一條地下隧道與大西洋相連。

在歐洲的典型湖泊中，通常只有幾種端足類動物（蝦狀甲殼動物）和扁蟲，貝加爾湖卻有二百多種端足動物和八十多種扁蟲，而且有些種類還十分奇特。有一些端足類動物呈雜色斑駁，與所處的環境色彩混為一體。貝加爾湖底還有1～15公尺高像叢林似的海綿，這在其他湖泊裡是找不到的，奇形怪狀的龍蝦就藏在這個「叢林」裡。

貝加爾湖形成的年代不過幾千萬年，而五億

▲貝加爾湖的意思是「富饒的湖泊」。由於其形狀像一彎新月，所以又有「月亮湖」之稱。

多年來西伯利亞中部從未被海洋淹沒過。這裡的地層曾發生過劇烈的斷裂，有的下降為狹長的窪地，有的上升為高山。窪地積水成了湖泊，從而形成了狹長而深邃的斷層湖。那麼，海洋生物又從何而來呢？有一種觀點認為，這些生物是從海洋通過河流遷移過來的；也有人認為，這些海洋生物就是從這裡孕育出來的。

在前蘇聯，貝爾格院士等人在對貝加爾湖的奇特生物現象進行研究後認為，貝加爾湖中真正的海洋生物只有海豹和奧木爾魚，牠們可能是沿著江河從北冰洋旅居到貝加爾湖的。那麼，海豹和奧木爾魚又是在誰的驅使下，從北冰洋跨越二千多公里來到貝加爾湖這樣一個淡水湖生活的呢？而且更令人不可思議的是，這些動物如何知道有貝加爾湖的存在，又如何知道這個湖會適合牠們生存呢？還有，海螺、海綿、鯊魚、龍蝦等生物又是藉由什麼樣的方式來到貝加爾湖，並長期在此湖生存呢？

關於貝加爾湖的生物來源問題，至今科學家們尚未給出明確的答案。但我們相信，隨著科學研究的進一步深入，這一問題終究會水落石出的。

▼貝加爾湖湖邊村落

天池怪獸真的存在嗎？

天池水面海拔2,194公尺，面積9平方公里，湖水深達373公尺，平均水深204公尺。終年水溫很低，夏季也只有8～10℃。從科學的常規看，這裡自然環境惡劣，地處高寒，水溫較低，浮游生物很少，水中不可能有大型生物。

然而，西元1962年8月，有人用望遠鏡發現天池水面有兩個怪物在互相追逐遊動。

西元1980年8月21～23日，人們再次目睹了水怪。21日早晨，作家雷加等六人發現天池的湖面上有喇叭形的水紋，水紋的弧度逐漸擴大，其尖端有時露出盆大的黑點，形似頭部，有時又露出拖長的梭狀形體，看起來很像動物的背部。九點多時，目擊者們又看到三四條拖長的水紋，延伸的長度至少有100公尺長，通常只有以快艇的速度划過才能劃出那樣的水紋。

翌日早晨，五六隻「水怪」又像之前那樣略為浮出水面，約四十分鐘後才相繼潛入水中。23日，五隻水怪又出現在距目擊者僅四十多公尺的水

▲長白山天池

▲長白山瀑布

面上。這回人們清楚地看到水怪的模樣：牠們頭大如牛，一公尺多長的脖子和部分前胸露出水面。水怪有黑褐色的毛，脖子底部有一寬約5～7公分的白底環帶，圓形眼睛的大小近似乒乓球。驚慌的目擊者邊大喊邊開槍，不過都沒有擊中，水怪潛水而逃。

此後，在西元1981年6月17日和9月2日，又分別有人說他們見到水怪。《新觀察》的記者還拍下了中國唯一一張天池怪獸的照片，證明怪獸確實存在。

然而，對天池水怪持否定態度的人認為：作為一個火口湖，天池形成的時間並不長，長白山最後一次噴發（西元1702年）距今只有二百七十九年，因此天池中是不可能有中生代動物存活的，況且池中缺少大型動物賴以生存的必要食物，無法形成食物鏈，無法解釋此類大型動物的食物來源。

西元1981年7月21日，韓國科學考察團在池中發現一隻怪獸，他們依據觀察和攝影所得的資料，判斷這隻怪獸是一隻黑熊。中國一名科學工作者則對此提出質疑，認為人們所見的水怪與黑熊的外形差別很大，且黑熊雖然能游泳卻不善潛水，因此這並不足以解釋「天池水怪」之謎。

於是又有人提出「水怪」很可能是水獺的說法，推測水獺是為了覓食而進入天池。水獺身體細長，又善於潛水，可以在水底待上一段時間。起初人們只是遠遠地看見牠，再加上在光線的折射下，動物的體型被放大，於是水獺就成了人們口中的「天池水怪」。

還有一種觀點認為：天池中常有時隱時現的礁石從湖底浮現，看起來就像動物有時露頭伸出水面、有時就又沉入水中一樣。天池中還有火山噴出的大塊浮石在水中漂浮，在風吹之下也搖搖晃晃地在水面浮動，遠遠望去，就有如動物在水中游泳的模樣。

但是，難道那些目擊者都是恰好產生同樣的錯覺嗎？如果不是，真正的天池水怪是怎樣的生物呢？牠又是如何演變來的呢？

▲長白山冰瀑

美加二國的尼加拉瀑布爭奪戰

▲遊船慢慢靠近瀑布，讓遊客近距離感受尼加拉瀑布雷霆萬鈞的氣勢和力量。

尼加拉大瀑布是馳名世界的大瀑布，坐落在紐約州西北部美加邊境處，位於尼加拉河的中段。這條河流發源於伊利湖，向北流入安大略湖，僅長58公里，但是因為伊利湖與安大略湖地勢相差一百多公尺，當河水流經陡峭的斷岩帶時，便形成氣勢磅礡的大瀑布。

瀑布由三股飛瀑組成，以山羊島為界，左邊屬加拿大，稱為「馬蹄瀑布」；右邊屬美國，稱為「亞美利加瀑布」，兩瀑布合稱「尼加拉瀑布」。兩處瀑布的水源雖來自同一處，可是只有6%的水從亞美利加瀑布流下，其他94%的水是從馬蹄瀑布流下。其中，在美國一側有個規模較小，但也頗負盛名的瀑布，望過去好似一片溫柔的月光灑在絕壁之上，名為「月光瀑布」。因其水流潺潺，有如一層新娘的面紗在微風中輕輕拂動，所以又稱「新娘面紗瀑布」。在河西加拿大一側的飛瀑最為壯觀，形狀有如馬蹄，故稱馬蹄瀑布。馬蹄瀑布與前兩個瀑布相距約二三百公尺，但看上去基本是「三位一體」的半弧形。

歷史上的尼加拉瀑布，曾是美國和加拿大兩國爭執不下，甚至兵戎相見的必爭之地。西元1812～1814年間，兩國曾多次為此發動戰爭。後來，雙方簽訂了《根特條約》，規定尼加拉河為兩國所有，以中心線為界。從那時起近二百年來，美加兩國享有一條和平的邊界，雙方都在各自的一邊設立了尼加拉瀑布城。一百五十多年前，拿破崙的弟弟耶洛姆．波拿巴曾帶著新娘到瀑布度蜜月，開啟了到此旅行結婚的風氣。據統計，每年來尼加拉瀑布旅遊的遊客約四百多萬人，其中，戀人、夫妻數不勝數。

「尼加拉」一詞來自印第安語，意即「如雷貫耳」。關於這個瀑布有一則動人的傳說：從前，有一位美貌的印第安姑娘被部落的酋長看上。酋長想娶她為妻，但姑娘不願意。於是，在新婚之夜，她獨自划著獨木舟沿尼加拉河而上。在河水中，姑娘變成了美麗的仙女，後來經常出現在大瀑布的彩虹中。

尼加拉瀑布原本是人跡罕至、鮮為人知之地，幾千年來，只有當地的印第安人知道這一自然奇觀。在他們實際上見到瀑布之前，就聽到如同打雷般的聲音，因此他們把它稱為“Onguiaahra”（後稱Niagara），意即「巨大的水聲」。據傳，歐洲人布魯勒於西元1615年領略到尼加拉瀑布奇觀。西元1625年，歐洲探險者雷勒門特第一個寫下了這條大河與瀑布的名字，簡稱為「尼加拉（Niagara）」。

據說尼加拉瀑布已存在約一萬年了，它的形成在於不尋常的地質構造。在尼加拉峽谷中的岩石層是接近水平的，每英里僅下降19～22英尺。岩石的頂層由堅硬的大理石構成，下面則是易被水力侵蝕的鬆軟的地質層。激流能夠從瀑布頂部的懸崖邊緣筆直地飛瀉而下，正是由鬆軟地層上那層堅硬的大理石地質層所起的作用。更新世時期，巨大的大陸型冰川後退，大理石層暴露出來，被從伊利湖流來的洪流淹沒，形成了如今的尼加拉大瀑布。透過推算冰川後退的速度可得知，瀑布至少在七千年前就形成了，最早則有可能是在二萬五千年前形成的，但具體形成於何時還有待考證。

▼雄偉的尼加拉瀑布也是追求冒險的人挑戰自我、表演絕技的場所。西元1859年，法國走鋼絲演員查理．布隆丹從一條長335公尺、懸於瀑布水流洶湧處上方49公尺的鋼絲上走過。至今，還沒有人打破他創下的紀錄。

的的喀喀湖曾經是海洋嗎？

▲太陽之門

位於的的喀喀湖附近的太陽之門石雕，以獨塊巨石雕琢而成，在正前方上端雕著太陽神的形象。

的的喀喀湖位於玻利維亞和祕魯兩國交界的高原上，是世界上地勢最高，且為南美洲最大的淡水湖，被稱為「高原明珠」。傳說水神的女兒伊卡卡私自與青年水手蒂托結為夫婦。水神發現後，一怒之下將蒂托淹死。悲傷不已的伊卡卡將蒂托化為山丘，自己則變成浩瀚的淚湖。印第安人為了紀念他們，將他倆的名字合在一起，稱之為「的的喀喀湖」。

的的喀喀湖的湖盆從西北向東南延伸193公里，最寬處80公里。湖中共有小島四十一個，島上有巨石林立的山坡，也有綠樹成行的沃野，常年棲息著多種鳥類。在這些小島中最有名的是玻利維亞一側的太陽島和月亮島，島上有印第安人的遺跡。其中，月亮島上有眾多西元前的古城遺跡、精美壯觀的「金牆」、「廟宇」、「金字塔」、「宮殿」及其他石頭建築物。二十世紀80年代初，在帕利亞拉島和科阿島之間的湖底還發現了一座水底古城遺跡，其中有隧道、洞穴以及雕刻有圖案的牆壁等。環湖的其他許多城鎮也有古印第安文化遺址。

的的喀喀湖中及沿岸有豐富的自然資源。這裡的特產是暗青色的香蒲草，它生長在湖岸，人們可以用它來編製小船、蒲席，建圍牆和蓋屋。從遠古起，印第安人就用香蒲編成的小舟作為交通和捕魚的工具。至今湖中還有幾十個用香蒲堆聚而成的「漂浮島」，島上居住的是印第安烏羅族人，他們都以捕魚為生。

的的喀喀湖雖然位於高原之上，但在湖泊四周卻發現許多海洋貝殼化石。科學家推測在很久以前，這裡的高原應該還是海底的一部分。大約在一億年前由於地殼的變動，被迫推擠上升。雖然地殼的變動已是極為久遠之前的事，但是今日的的喀喀湖中仍然存在著海洋生物，比如海馬、綠鉤蝦及貝類。

難道的的喀喀湖的湖水原本就是來自海洋？根據現在周圍陸地上古老海岸線的遺跡顯示，的的喀喀湖的面積經歷過大幅的改變。這條湖岸線是從北向南傾斜下去，並不是水平的，北端高出現在的湖面達295英尺，而南端距離現在湖南緣約

▲的的喀喀湖地區的印第安土著居民

▲安第斯山脈掩映下的的的喀喀湖

的的喀喀湖是世界海拔最高且適於航行的湖泊。祕魯與玻利維亞的國境線通過此湖中央。該湖分為大小兩湖，水色透明，雖稍含一些鹽分，也可當飲用水食用。

400英里之外，卻低於湖面274英尺。

此外，今天的蒂瓦納庫位於的的喀喀湖南岸12英里，地勢比現在湖面高出一百多英尺。如果說蒂瓦納庫在當時是的的喀喀湖畔的一個港埠，現在遺跡卻又遠離湖岸，那麼蒂瓦納庫建城之後，當地地形必定經過明顯的變化，不是湖面下降就是陸地上升。這一定是經過了一段相當長久的時間，問題是有多久呢？

西元2004年8月，義大利著名考古學家洛倫佐·艾比斯和他的考古研究小組在的的喀喀湖地區進行了一系列研究探索工作，並利用機器人深入湖面以下100公尺的地方進行拍攝。拍攝到的照片顯示，在的的喀喀湖底下隱藏著一座殘破的古代建築群遺址，估計這個城鎮約消失於一萬年前。照片還拍到了一些陶瓷器皿以及一座鍍金雕像，這顯示當時在此居住的人們已經擁有相當高的文明程度。那會是個麼樣的文明呢？還有待科學家進一步的考證。

黃果樹大瀑布的成因為何？

黃果樹瀑布群是中國貴州省境內一處以瀑布、溶洞、石林為主體的獨特風體區。因山巒重疊，河床斷落，多急流瀑布，奇風異洞。黃果樹附近形成九級瀑布，黃果樹瀑布是其中最大的一級。

黃果樹瀑布群發育於世界上最大的華南喀斯特石灰岩區的最中心部位，這裡的地表和地底都分布著大量的可溶性碳酸鹽岩，區域地質構造十分複雜；加上這裡位於亞熱帶濕潤季風氣候的南緣，氣候條件良好，形成打幫河、清水河、灞陵河等諸多河川。這些河川向下流經北盤江再匯入珠江，對高原面進行溶蝕和切割，加劇了高原地勢的起伏，從而形成了各種各樣絢麗多姿的喀斯特地貌。由於河流的襲奪或落水洞的坍塌等原因，形成了眾多的瀑布景觀；黃果樹瀑布群便是其中最典型、最優美的喀斯特瀑布群。

由於黃果樹瀑布群的瀑布不僅風韻各具特色，造型十分優美，而且在其周圍還發育許多喀斯特溶洞，洞內有各種喀斯特洞穴地貌，這便是舉世聞名的貴州地底世界，具有極大的旅遊觀光價值。

黃果樹大瀑布是黃果樹瀑布群中最為知名的瀑布，它位於鎮寧布依族苗族自治縣城關鎮西南約25公里處，東北距貴陽市150公里。最新測量結果顯示黃果樹大瀑布高為74公尺，寬達81公尺，水量充沛，氣勢雄壯。漫天傾潑的瀑布，帶著強大的水流動能，發出如雷巨響，震得地動山搖，展示大自然無敵的力量與氣勢。

龐大的水體傾覆直下，形成大量的水煙雲霧，使得峽谷上下一片迷濛，透出一種神祕的色彩。瀑布平水時，一般分成四支：自左至右，第一支水勢最小，下部散開，頗有秀美之感；第二支水量最大，更具豪壯之

▲孩童在黃果樹瀑布下的平台石頭上嬉戲玩耍

勢；第三支水流略小，上大下小，顯出雄奇之美；最右一支水量居中，上窄下寬，洋洋灑灑，最具瀟灑風采。黃果樹瀑布之景觀，隨四季而替換，晝夜而迴異。

黃果樹大瀑布還有二奇：一曰瀑上瀑與瀑上潭，是為主瀑之上一高約4.5公尺的小瀑布，其下還有一個深達11.1公尺的深潭，即瀑上潭。瀑上瀑造型極其優美，與其下的黃果樹主瀑形成十分協調的瀑布組合景觀；二曰水簾洞，其為主瀑之後、瀑上潭之下、鈣華堆積之內的一個瀑後喀斯特洞穴。

水簾洞高出瀑下的犀牛潭四十餘公尺，其左側洞室較寬大清晰，並有三道窗孔可觀黃果樹瀑布；右側因石灰華坍塌，洞體僅殘存一半，形成一個近20公尺高的岩腔。水簾洞不僅本身位置險要，而且洞內之景頗有特色。然而由於進洞道路艱難險阻，長期以來除少數探險者敢冒險進洞探索之外，一般遊人很少會進入。下面的犀牛潭深

▲大瀑布半腰有一134公尺長的水廉洞橫穿而過，萬頃飛瀑從頭頂飛洩而下，人彷彿身處瀑布之中。

達17.7公尺，在黃果樹大瀑布跌落的巨量水流衝擊下，激起高高的水柱，若遊人不小心從水簾洞中滑落犀牛潭，那是十分危險的。

往往遊人在水簾洞中觀賞美景，當想到自己正處在瀑布之下，有巨量的水體正從頭上壓頂而過時，不禁會產生一種難以名狀的壓迫感，甚至是一種恐懼感，彷彿洞內的岩壁會隨時被壓垮傾覆，隨時會崩塌下來一般，以致不敢久留。只有當走出了水簾洞時，看到洞外一片明亮，燦爛陽光下，翠竹簇簇，婆娑起舞，林木蔥蘢，樹葉扶疏，才不覺鬆了一大口氣，精神為之一振。

那麼，黃果樹大瀑布如此壯美的景觀又是怎樣形成的呢？對於黃果樹大瀑布的成因問題，可說是眾說紛紜。有人認為它是典型的喀斯特瀑布，由河床斷陷而成；有人則認為是喀斯特侵蝕斷裂──落水洞形成的。還有一種說法是，黃果樹大瀑布前的箱形峽谷原為一落水溶洞，後來隨著洞穴的發育、水流的侵蝕，使洞頂坍落而形成瀑布。

由於一個瀑布的形成過程與瀑布所在河流的發育過程緊密相關，如果要探究黃果樹瀑布的形成過程，則必須與白水河的演化發育歷史結合起來思考。這樣一來，便可把黃果樹瀑布的發育過程大致分成七個階段：即前者鬥期、者鬥期、老龍洞期、白水河期、黃果樹伏流期、黃果樹瀑布期和近代切割期。其形成大約從距今二千七百萬年至一千萬年的第三紀中新世開始一直延續至今，經歷了一個從地表到地底，而後再回到地表的迴圈演變過程。

臺灣本島的形成之謎

▲阿里山晨光

說起臺灣島的成因，答案到現在還沒有定論。在學術界對此持有三種不同的說法，各有定見。

一種看法是，臺灣地層與大陸屬於同一結構，在地質年代新生代的第四紀前即距今一百萬年前後，它本是大陸的一部分，和大陸連接在一起，頂多算是一個半島。第四紀後，因地層變動，局部陸地下沉，臺灣海峽出現，使臺灣成為海島。持這種看法的人還指出，即使出現了海峽，澎湖列島南部和福建陸地之間，直到五千四百年前，還有一條陸地聯繫著，而澎湖與臺灣的陸地聯繫則一直維持到距今六千二百年前。

有人還從研究臺灣的史前文化來證明上述見解的正確性。人們在臺東長濱鄉八仙洞發現了舊石器時代的文化遺址，那裡出土的石製品有六千餘件，無論在製作技術或基本類型上，都與中國大陸（特別是南部地區）出土的舊石器時代的石製品沒有多大的差別。

此外，人們在淡水河流域還發

現，那裡出土的赤褐色粗砂陶器與福建金門縣出土的黑色和紅色陶器在刻紋等方面很相近，可能屬於同一類型。這些自然只能以兩邊曾是以陸地相連來說明。支持這種看法的人，還從臺灣古代動物化石方面來加以證明：有人在臺灣西部發現了許多大型哺乳類動物，如象、犀牛、野牛、野鹿、劍虎等的化石，這說明早在距今一百萬年左右，有大批動物從大陸別地移到原屬大陸的臺灣。也有人在考察野生植物後指出，臺灣野生植物和大陸上的野生植物相比，大多相同或相近。據統計，臺灣羊齒類以上的野生植物達三千八百多種，其中有一千種與大陸完全相同。

另一種看法認為，臺灣是東亞島弧中的一個環節，它的形成與東亞島弧的形成、發展有密切的關係。所謂東亞島弧即指東亞大陸棚與太平洋西部海溝之間的島弧，包括千島群島、日本群島、琉球群島、臺灣島及其附近小島、菲律賓群島等。東亞島弧的形成，是以東亞褶皺山系的出

▲**阿里山神木**

矗立在阿里山的天然森林區，是一株樹齡達三千年的老紅檜。神木歷經滄桑興替，而能不毀於雷火斧斤，被尊為樹神。

▲**赤崁樓**

位於臺灣臺南市。明末時荷蘭人侵占臺灣南部後，在臺南市築城，臺灣人將其取名為赤崁樓，又稱紅毛城。清順治18年（西元1661年）鄭成功收復臺灣，次年改建為東都，於此置承天府。

現為標誌。而東亞褶皺山系的出現則是由於以下因素造成的：在地殼運動中，東亞大陸棚一方面受到來自大陸方向的強大擠壓力，另一方面又受到巨大而堅硬的太平洋地塊的阻抗，於是在它前沿形成了一系列東北——西南方向排列的山脈，就是東亞褶皺山系，當它露出海面時，便構成了東亞島弧。單就臺灣來講，是由於地殼運動的結果，產生褶皺、隆降而奠定了其地質基礎。

這大約是在地質年代中生代的三迭紀的事，距今差不多有二億年。在之後一段很長的時間裡，這裡又為海水所淹沒，直到新生代早第三紀的始新世即距今約四千萬年前時，地球上最近的一次造山運動（即喜馬拉雅運動），使臺灣及其附近小島再次受到造山運動的影響，又發生多次的地殼運動，臺灣大部分地區因受擠壓褶皺而上升。大約在新生代晚第三紀的中新世（即距今一千萬到二千萬年前）時，又重新被海水淹沒，只有高聳的中央山脈露出海面，後來長期在山脈的兩側堆積起大量的沉積物。

接著在地質年代新生代晚第三紀的上新世

▲日月潭夕照

日月潭位於南投縣叢山之中，是臺灣最大的天然湖。潭中有一個叫光華島的小島，以此島為界，北半湖形如日輪，南半湖似上弦之月，故名日月潭。舊臺灣八景的「雙潭秋月」即由此而來。

▲富貴角位於臺灣島最北端，東至三貂角，西至白沙屯，構成臺灣北部的海岸線。

（即距今二、三百萬年前），造山運動又再一次劇烈進行，中央山脈再度擠壓上升，其兩側也褶皺成山，露出海面，這就是中央山脈以東、台東山脈以西的玉山山脈、阿里山山脈，最終形成了臺灣的現代地形。因為越是靠近太平洋，受到太平洋地塊的阻抗越大，褶皺山脈的山勢越高聳，所以臺灣的地勢比起內陸的福建等都要高峻。正因為這樣，臺灣島的東邊比西邊陡峭。

還有一種說法，認為在地質年代新生代的第四紀以前臺灣和大陸是分開的，第四紀以後有過合在一起的時候。這是因為第四紀更新世前期，即距今一百萬年前左右，由於地殼上升的變動和地球上氣候變冷的影響，沿海地區出現了陸地面積擴大的情況，那時候臺灣海峽的海水可能幾乎退乾，成為陸地，於是出現了臺灣和大陸連成一片的局面。後來到了更新世後期，地球上氣候轉暖，海水上升，陸地面積減少，臺灣海峽再次出現，臺灣和大陸又被隔開。之後又再相連、相隔，如此經過了多次反復。自然相隔的時間很長，而相連的時間也不很短。臺灣的大型哺乳動物就是在兩地相連時從大陸進入臺灣的，而人類史前文化，也是在兩地相連時由一部分人從大陸帶進臺灣。

這三種說法，到底哪一種正確？也許，這個問題更難回答，因為這三種推斷聽起來都很有道理，作為一個未解之謎，它的答案尚待探索。

南海諸島即將被淹沒嗎？

在中國遼闊的南海海域，星羅棋布地分布著二百多個礁、灘、暗沙和島嶼，這就是有名的西沙、南沙、東沙、中沙珊瑚礁區，統稱「南海四沙」。它們猶如顆顆璀璨的明珠散落在海面上，是中國的寶貴領土。但近來卻有人提出，這些美麗的明珠也許會沉沒，由此引發了眾多人士對此問題的探索。

要弄清南海諸島的沉浮問題，首先得瞭解它們是怎麼形成的。一億年前，地理狀況與今天有很大的區別。當時歐亞板塊十分廣闊，南海諸島就屬於它。那時，南海還不是海洋，而是河流縱橫、層巒疊嶂的陸地。山上的岩石多是六億年以前形成的。滄海桑田，歲月巨變，在距今七千萬到八千萬年前，由於太平洋板塊向西俯衝，歐亞板塊和印度洋——澳大利亞板塊相互碰撞，這塊古老的陸地在猛烈的撞擊下四分五裂，海水也隨之浸入，一個比較淺的陸表海環境就此形成了。

▲西沙夕照

對於它的裂開和洋殼出現的類型，目前有兩種不同的看法，但時至今日還不能準確地解釋究竟是板內裂谷型還是弧後拉張型。地質學家們為了弄清這個問題正在不斷地探尋，假以時日或許能找到更加完善的解釋。

在距今六千七百萬年進入第三紀以後，這裡分裂的地形有了改變，海洋消失，又重新成為陸地。不過此時的地形已經變成丘陵、平原相間，湖泊眾多，而不再是山巒起伏、重巒疊嶂了。到距今三千萬年前後，隨著構造活動的加劇，這塊陸地東北——西南向裂開，海水大規模自南而北浸入，今日的南海就初步形成了。當然，當時海水的深度和海岸線的範圍都遠不如今天。那時的島嶼和水下礁石大多是由那些由古老岩石組成的丘陵和高地所形成的，現今南海諸島的基底岩層則是由千百萬年來滄桑巨變產生的沉積物所形成。

南海四沙礁區如今有五十多個島嶼，其中大部分都是在末次冰期階段形成的。在距今一萬五千年到一萬八千年前，島嶼的規模和數量和今日相比要大得多，後來許多島嶼都因冰後期海平面上升而被淹沒了。因此，珊瑚礁便成了南海諸島中大部分島嶼的物質來源。在風、浪、流的相互作用下，島嶼在礁面上堆積而成，屬於沉積作用的產物。以往，由於弄錯了南海諸島中一些島嶼沉積物的成因，因此有人根據這些島嶼的海拔高

▲南沙群島信義礁

度，推斷出近一萬年以來南海諸島始終在上升。甚至有人認為，南海諸島以每年一公分的速度在上升。

科學家們經過認真考察後，認為事實剛好相反，南海諸島其實一直都處在沉降狀態。而且根據目前所獲得的資料分析，南海諸島沉降的速度隨著不同的地質歷史時期的更迭而改變。從整體上看，沉降速度隨著時間的推移變得愈來愈快。人們還發現，南沙和西沙的珊瑚礁臺地，都是頂面小、基座大，呈寶塔型逐步向上縮小的規律，這同時可看出礁島的一個特點，即珊瑚礁

▲西沙珊瑚礁

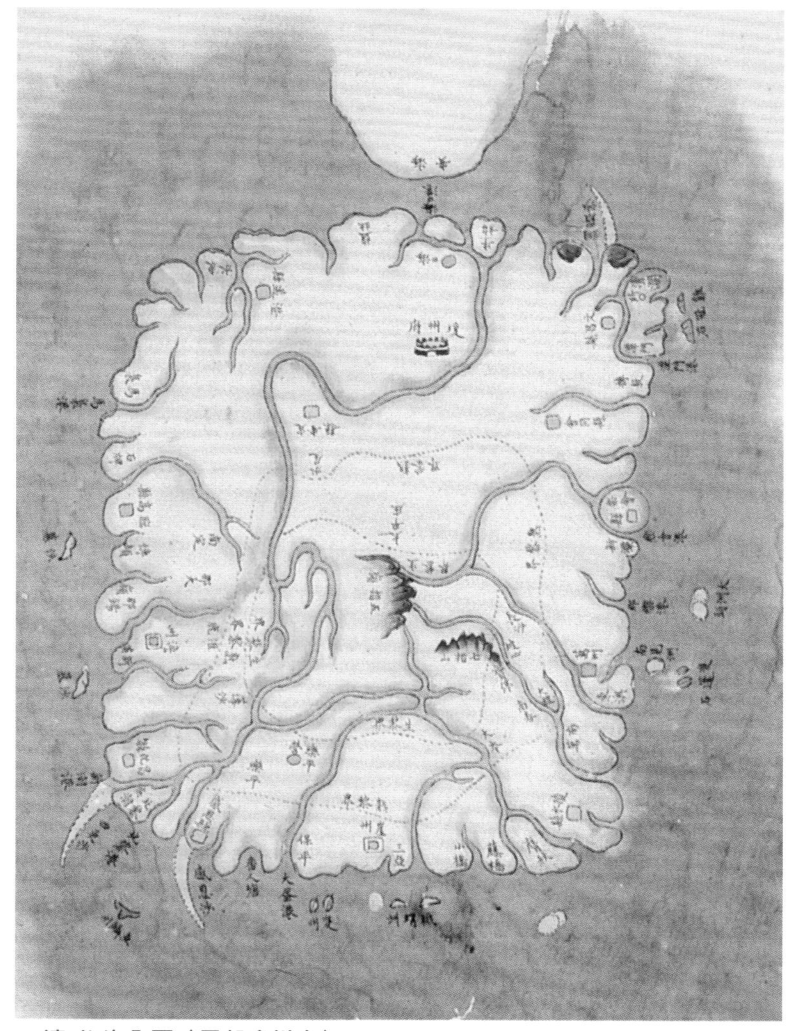

▲清 沿海全圖（局部瓊州府）

大致上是一種海浸礁。現今島嶼沉積物的下部都沉浸在水底，而這些沉積物本來形成於冰期，如果真像某些人認為的島嶼處於上升階段，那麼沉積物就應該裸露在水面上。

更有說服力的是，西沙的石島全部沉積物都是風成的。這些沉積物是在陸地環境時形成的，在海平面上升和沉降的複合作用下，這些風成沉積物的底部愈沉愈深，以致最終沉浸在水下18.68公尺處。如果將海平面上升幅度和沉降速度看作同等重要的因素來計算，那麼現在南海諸島的沉降速率應該在每一千年12公分以上。因此，如果今後海平面不出現大規模的上升，那麼南海諸島的島嶼面積不僅不會增加，反而逐漸縮小。

目前，就人們找到的證據而言，南海諸島應該是在下沉。然而這不是最後的結論。對於科學探索者來說，南海諸島究竟是上升還是下降仍然是一個謎。

踩在「火球」上的冰島

▲ 在這座遺世獨立的島嶼上，擁有冰河、凍原、火山、熔岩沙漠等。極冷的冰與極熱的火在這片猶如世界盡頭的土地上共存共榮，交會出精彩的冰火奇景。

冰島意為「冰凍的陸地」，位於格陵蘭島和挪威中間，靠近北極圈，為歐洲第二大島。這個島國約有75%是海拔400公尺以上的高原，其餘為平原低地。被冰雪覆蓋的面積約占全國面積的13%，境內有許多冰川，其中東部的瓦特納冰川是歐洲最大的冰川。冰島不但寒冷多雪，還是世界上火山活動最活躍的地區。因此，冰島又被人們稱為「冰與火共存的海島」，這個現象迄今為止仍被視為一個謎。

關於冰島有這樣一個傳說，曾經有一位巨人站在北大西洋這個海島南岸的一個高海岬上，一動不動地監視海面，提防北歐海盜入侵搶掠。今天，昔日的海岬已經變成島內的一座山峰，位於維拉傑迪附近，當時淹沒在南岸海底的岩石陸架在火山活動作用下，也已升出水面，大大增加了海島的面積。

西元七世紀時，愛爾蘭僧侶最早抵達冰島，他們將此地視為隱修之所，一直到九世紀初期。傳統上，西元874～930年之間被定義為冰島的「墾殖期」，當時斯堪的那維亞半島上的政治動盪，迫使許多北歐人向西流亡。最先來此墾殖的是挪威人，他們於西元874年安身於一個有溫泉熱氣的地方，他們給它起名為雷克雅維克，意為「煙籠灣」，也就是現在冰島的首都。

冰島地形特殊，雖然國名為「冰」島，島上卻有二百多座火山，幾乎整個國家都建立在火山岩石上。國土大部分都無法開墾，是世界溫泉最多的國家，所以被稱為冰火之國。大自然的偉大力量在冰島呈現出溫柔、粗曠、奇特、怪異、虛幻、甚至殘酷、無奈，在這個島上可以領略到冰川、熱泉、間歇泉、活火山、冰帽、苔原、冰原、雪峰、火山岩荒漠及瀑布等五花八門的地形地貌。

冰島地質與海底相似，其基岩以玄武岩和火山岩屑為主。大陸的基岩上還有一層花崗岩，但冰島卻沒有。冰島目前的岩石，大部分遠在六千萬到四千萬年前就凝固而成。由於冰島長期有火山活動，化石極為稀少，所以鑑定地質年代頂多只限於利用岩石中所含的放射性同位素。

冰島的二百多座火山中，有三十多座為活火山，史上曾記載的爆發次數就多達一百五十多次。冰島位於大西洋的海溝上，每次海溝擴張，都會引發火山爆發和地震。十八世紀時，頻繁的火山爆發毀壞了冰島四分之一的土地，讓冰島人多年看不到太陽。近年來，科學家藉由紅外線探測器已找出五個地溫上升的地區，表示這些地區可能有火山爆發的危險。自從西元十二世紀以來，冰島最有名的火山──赫克拉峰每個世紀都約有兩次大爆發。

西元1947年，赫克拉峰開始了最猛烈的一次爆發，整個地區的天色變為一片昏暗，風把一些火山渣和火山灰吹到冰島以東1,000英里外的斯堪的納維亞半島。熔岩一股一股地從峰頂的火山口流出，一直流了一年多。熔岩停止流出後，加上新噴出的岩層，赫克拉峰的火山錐加高了450英尺。第二年春天，火山停止噴發後，濃厚的火山氣還繼續沿山坡流下，凝聚在附近的山谷中，導致放牧的牲畜常被薰死。

位於冰島南端的威斯特曼群島，大約一萬年前在火山噴發後，它們才從北大西洋海底升起成為今天的樣子。威斯特曼群島由十六個小島組成，其中最大的一個叫海姆依島，在冰島語裡是「故鄉的島」的意思。海姆依島碧波環繞，山巒疊嶂，綠草如茵。但海姆依島上的兩座活火山隨時有爆發的危險，埋在冰層底下的火山，一旦甦醒，則掀開冰蓋，將大量冰塊噴發出來，造成奇特的噴冰現象。

西元1973年火山突然爆發，四處蔓延的岩漿和直沖雲霄的火山灰，毀了島上三分之一的村落，湮沒數百幢民宅。但面對隨時可能爆發的活火山，當地人卻毫不恐懼，他們依然安居樂業，生活得悠閒自在。同時，火山也成為海姆依島最吸引人的景觀之一，遊客們來此不僅是為了欣賞當地的美景，還盼望能探尋當地奇特的火山地貌，體會與火山為伴的感受。

為了降低火山噴發的危險，科學家們一直在對冰島進行密切觀測。不曉得哪一天火神會再度發威呢？

▲無盡的冰原，生猛活躍的火山，構築了這一塊介於歐洲與北美洲之間的島嶼，一片冰與火的交會地帶。

國家圖書館出版品預行編目資料

神祕自然奇觀 / 通鑑文化編輯部製作.
-- 初版. -- [臺北縣]新店市：生活品味
文化，2006[民95]
面：　　公分
ISBN　986-7171-65-9（精裝）
1.自然地理 2.世界地理
351　　　　　　94025319

神祕自然奇觀

The Mysteries of Natural Phenomena

發行人　桂建樺
執行主編　曾麒穎
責任編輯　張雅琳
美術主編　ERIC
特約美編　陳益源
編輯製作　通鑑文化編輯部
發行出版　人類智庫股份有限公司
公司創立　1979年2月12日
台北電話　(02)8919-1768
台北傳真　(02)8919-1890
台中電話　(04)2251-2073
高雄電話　(07)554-3212
台北地址　新店市寶橋路235巷125號7樓
郵撥帳號　19850661 人類智庫股份有限公司
客服信箱　service@humanbeing.com.tw
客服電話　(02)8919-1768 ext.213
人類智庫網　www.humanbooks.com.tw
書店經銷　農學股份有限公司
經銷地址　新店市寶橋路235巷6弄4號

初版日期　西元2006年3月1日
定價　新臺幣899元
版權所有　翻印必究

◎本書內容由中智博文圖書發行有限公司授權
人類智庫股份有限公司出版發行繁體中文版